東京大学工学教程

基礎系 数学
複素関数論 I

東京大学工学教程編纂委員会 編　　藤原毅夫 著

Complex
Function Theory I
SCHOOL OF ENGINEERING
THE UNIVERSITY OF TOKYO

丸善出版

東京大学工学教程

編纂にあたって

　東京大学工学部，および東京大学大学院工学系研究科において教育する工学はいかにあるべきか．1886 年に開学した本学工学部・工学系研究科が 125 年を経て，改めて自問し自答すべき問いである．西洋文明の導入に端を発し，諸外国の先端技術追奪の一世紀を経て，世界の工学研究教育機関の頂点の一つに立った今，伝統を踏まえて，あらためて確固たる基礎を築くことこそ，創造を支える教育の使命であろう．国内のみならず世界から集う最優秀な学生に対して教授すべき工学，すなわち，学生が本学で学ぶべき工学を開示することは，本学工学部・工学系研究科の責務であるとともに，社会と時代の要請でもある．追奪から頂点への歴史的な転機を迎え，本学工学部・工学系研究科が執る教育を聖域として閉ざすことなく，工学の知の殿堂として世界に問う教程がこの「東京大学工学教程」である．したがって照準は本学工学部・工学系研究科の学生に定めている．本工学教程は，本学の学生が学ぶべき知を示すとともに，本学の教員が学生に教授すべき知を示す教程である．

2012 年 2 月

　　　　2010–2011 年度
　　　　東京大学工学部長・大学院工学系研究科長　　北　森　武　彦

東京大学工学教程

刊 行 の 趣 旨

　現代の工学は，基礎基盤工学の学問領域と，特定のシステムや対象を取り扱う総合工学という学問領域から構成される．学際領域や複合領域は，学問の領域が伝統的な一つの基礎基盤ディシプリンに収まらずに複数の学問領域が融合したり，複合してできる新たな学問領域であり，一度確立した学際領域や複合領域は自立して総合工学として発展していく場合もある．さらに，学際化や複合化はいまや基礎基盤工学の中でも先端研究においてますます進んでいる．

　このような状況は，工学におけるさまざまな課題も生み出している．総合工学における研究対象は次第に大きくなり，経済，医学や社会とも連携して巨大複雑系社会システムまで発展し，その結果，内包する学問領域が大きくなり研究分野として自己完結する傾向から，基礎基盤工学との連携が疎かになる傾向がある．基礎基盤工学においては，限られた時間の中で，伝統的なディシプリンに立脚した確固たる工学教育と，急速に学際化と複合化を続ける先端工学研究をいかにしてつないでいくかという課題は，世界のトップ工学校に共通した教育課題といえる．また，研究最前線における現代的な研究方法論を学ばせる教育も，確固とした工学知の前提がなければ成立しない．工学の高等教育における二面性ともいえ，いずれを欠いても工学の高等教育は成立しない．

　一方，大学の国際化は当たり前のように進んでいる．東京大学においても工学の分野では大学院学生の四分の一は留学生であり，今後は学部学生の留学生比率もますます高まるであろうし，若年層人口が減少する中，わが国が確保すべき高度科学技術人材を海外に求めることもいよいよ本格化するであろう．工学の教育現場における国際化が急速に進むことは明らかである．そのような中，本学が教授すべき工学知を確固たる教程として示すことは国内に限らず，広く世界にも向けられるべきである．2020年までに本学における工学の大学院教育の7割，学部教育の3割ないし5割を英語化する教育計画はその具体策の一つであり，工学の

教育研究における国際標準語としての英語による出版はきわめて重要である．

現代の工学を取り巻く状況を踏まえ，東京大学工学部・工学系研究科は，工学の基礎基盤を整え，科学技術先進国のトップの工学部・工学系研究科として学生が学び，かつ教員が教授するための指標を確固たるものとすることを目的として，時代に左右されない工学基礎知識を体系的に本工学教程としてとりまとめた．本工学教程は，東京大学工学部・工学系研究科のディシプリンの提示と教授指針の明示化であり，基礎（2年生後半から3年生を対象），専門基礎（4年生から大学院修士課程を対象），専門（大学院修士課程を対象）から構成される．したがって，工学教程は，博士課程教育の基盤形成に必要な工学知の徹底教育の指針でもある．工学教程の効用として次のことを期待している．

- 工学教程の全巻構成を示すことによって，各自の分野で身につけておくべき学問が何であり，次にどのような内容を学ぶことになるのか，基礎科目と自身の分野との間で学んでおくべき内容は何かなど，学ぶべき全体像を見通せるようになる．
- 東京大学工学部・工学系研究科のスタンダードとして何を教えるか，学生は何を知っておくべきかを示し，教育の根幹を作り上げる．
- 専門が進んでいくと改めて，新しい基礎科目の勉強が必要になることがある．そのときに立ち戻ることができる教科書になる．
- 基礎科目においても，工学部的な視点による解説を盛り込むことにより，常に工学への展開を意識した基礎科目の学習が可能となる．

東京大学工学教程編纂委員会　　委員長　原　田　　　昇
　　　　　　　　　　　　　　　　幹　事　吉　村　　　忍

基礎系 数学
刊行にあたって

　数学関連の工学教程は全17巻からなり，その相互関連は次ページの図に示すとおりである．この図における「基礎」，「専門基礎」，「専門」の分類は，数学に近い分野を専攻する学生を対象とした目安であり，矢印は各分野の相互関係および学習の順序のガイドラインを示している．その他の工学諸分野を専攻する学生は，そのガイドラインに従って，適宜選択し，学習を進めて欲しい．「基礎」は，ほぼ教養学部から3年程度の内容ですべての学生が学ぶべき基礎的事項であり，「専門基礎」は，4年生から大学院で学科・専攻ごとの専門科目を理解するために必要とされる内容である．「専門」は，さらに進んだ大学院レベルの高度な内容で，「基礎」，「専門基礎」の内容を俯瞰的・統一的に理解することを目指している．

　数学は，論理の学問でありその力を訓練する場でもある．工学者はすべてこの「論理的に考える」ことを学ぶ必要がある．また，多くの分野に分かれてはいるが，相互に密接に関連しており，その全体としての統一性を意識して欲しい．

＊　　＊　　＊

　2次方程式の解を求めるために実数を拡張して導入された複素数は，「虚数」という言葉から架空の数のように思われるかも知れないが，この概念の導入によって複素関数論という美しい理論体系が構築され，工学・理学で欠かせない武器になっていることは周知の事実である．一般化することでより簡潔にかつ深くその構造が理解される，という数学の醍醐味を味わう絶好の機会を提供している．この「複素関数論I」とこれに続く「複素関数論II」では，複素数の導入から始めてその基礎部分をカバーしている．両者合わせてほぼ半年1学期間の講義で扱われる内容である．想定される予備知識は，実関数の微分積分学の基本事項である．

東京大学工学教程編纂委員会
数学編集委員会

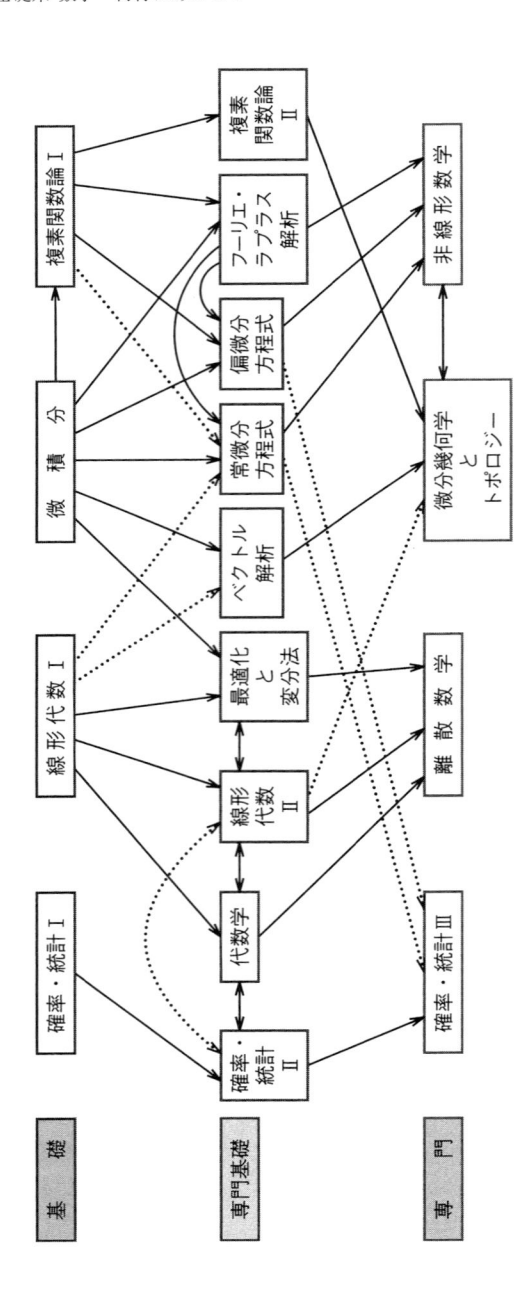

viii　基礎系 数学　刊行にあたって

工学教程（数学分野）の相互関連図

目　　次

はじめに 1

1　複素数とその関数 3
1.1　複　素　数 3
1.1.1　複素数の定義 3
1.1.2　複素数の加減乗除 5
1.2　複　素　平　面 6
1.2.1　複素平面と複素数 6
1.2.2　複素数の2次元極座標による表示 8
1.2.3　Eulerの公式と複素数の極形式 10
1.2.4　複素数のべき乗とべき根 11
1.3　複素数の数列と級数 13
1.3.1　数　列　と　極　限 13
1.3.2　級数とその収束 16

2　複素関数と正則性 21
2.1　複素関数とその連続性 21
2.2　複素関数の微分可能性と正則性 23
2.2.1　複素関数の微分 23
2.2.2　微　分　の　公　式 24
2.2.3　Cauchy–Riemannの関係と逆関数定理 26
2.2.4　zによる偏微分と$\bar{z}$による偏微分 31

3　初　等　関　数 33
3.1　無　限　遠　点 33
3.2　べ　き　級　数 35

3.2.1　べき級数の収束 35
　　　3.2.2　収束半径 36
　3.3　指数関数，三角関数，双曲線関数 39
　　　3.3.1　指数関数 39
　　　3.3.2　三角関数，双曲線関数 40
　3.4　対数関数 42
　　　3.4.1　対数関数の定義と主値 42
　　　3.4.2　対数関数の多価性と Riemann 面 44
　3.5　一般のべき関数と多価性 46
　　　3.5.1　べき関数の定義 46
　　　3.5.2　多価関数 $w = z^{1/n}$ の写像と Riemann 面 47
　3.6　無限乗積 48
　　　3.6.1　無限乗積の定義と収束・発散 48
　　　3.6.2　無限乗積の例 ($\sin z, \cos z$ の無限乗積表示) 50

4　等角写像　53
　4.1　等角写像の定義 53
　4.2　簡単な等角写像の例 55
　4.3　1次変換 57
　　　4.3.1　整関数および有理関数 57
　　　4.3.2　1次分数関数と1次変換 58
　　　4.3.3　1次変換の例(等角写像) 59
　4.4　調和関数と等角写像 61
　　　4.4.1　等角写像による Laplace 方程式の変換 61
　　　4.4.2　電磁気学，流体力学における調和関数 62
　　　4.4.3　電磁気学への応用 65
　　　4.4.4　流体力学への応用 69

5　特異点　75
　5.1　孤立特異点 75
　　　5.1.1　除きうる特異点 75
　　　5.1.2　極 76

	5.1.3 真性(孤立)特異点 76
5.2	集積特異点 78
5.3	分 岐 点 79

6 複 素 積 分　　83

6.1	Jordan 閉曲線と正則領域の形 83
6.2	複素積分の定義 84
6.3	複素積分の基本的性質 89
6.4	Cauchy の積分定理 90
	6.4.1 Cauchy の積分定理 90
	6.4.2 不定積分とその正則性 96
	6.4.3 対数関数の多価性と $1/z$ の積分 98
6.5	留　　数 100
	6.5.1 留数の定義と留数の定理 100
	6.5.2 無限遠点の留数 106
6.6	複素積分の応用 108
	6.6.1 留数の定理の応用 (定積分の計算) 108
	6.6.2 定積分における多価関数の分岐点の取扱い 117

7 Cauchy の積分公式と複素関数のべき級数展開　　121

7.1	Cauchy の積分公式とそれから導かれる定理 121
	7.1.1 Cauchy の積分公式 121
	7.1.2 最大値の原理と Liouville 定理 124
	7.1.3 代数学の基本定理 126
7.2	Cauchy の積分定理と正則性 127
	7.2.1 Goursat の定理と Morera の定理 127
	7.2.2 Goursat の定理の応用 130
7.3	Taylor 展開および Laurent 展開 131
	7.3.1 Taylor 展開 (正則点のまわりのべき級数展開) 131
	7.3.2 Laurent 展開 134

参 考 文 献 139

おわりに **141**

索　引 **143**

はじめに

　本書は，大学工学系学部で学ぶ学生が「複素関数論」を特に道具として使うことができるようになることを目的として，複素関数論の基礎を解説する．数学としての厳密性よりも応用に即した使いやすさを目標とし，抽象的あるいは一般的に各事項を記述するのではなく，具体的な例題に即して説明し，複素関数の重要な性質を理解し，使えるようにすることを目指している．

　本書に記述された学部段階で学ぶ複素関数論は，19 世紀に完成された古典的な数学である．複素関数論を学ぶ意味は二つあると考えている．一つは，専門において広く使われる応用数学 (あるいは応用数理，物理数学などといってもよい) への入り口を用意するということである．実際，微分方程式や Fourier–Laplace 解析を少し深く学ぼうとするとき，複素関数論の助けを借りないというわけにはいかない．またそれらはより広い道具としての数学への入り口となる．もう一つは，複素関数論は数学の一つの典型的な姿をもつため，大学入学直後に解析学，線形代数学を学んだ姿勢とは違って，(おそらく，複素関数論は早くとも 2 年次，標準的には 3 年次に学ぶという時期的な面から) 専門領域に少し踏み込んだ立場で，もう一度数学という学問の姿を見直すための良い教材となるという面である．

　本書では，第 1 章で複素数の定義，複素数の加減乗除の定義から始め，第 2 章では微分および正則性，第 3 章で一般の初等関数について説明した後，第 4 章の等角写像へと進む．第 4 章では関連して，流体力学および電磁気学への応用について述べる．第 5 章では特異点の分類，第 6 章では複素積分を定義し，留数について学ぶ．第 7 章では複素積分の応用のいくつかを述べ，関数の正則性と Cauchy の積分定理の同値性について説明する．これで複素関数の正則性についての理解が完結する．以上はきわめて標準的な複素関数論である．

　実際には，理解のしやすさという観点から，しばしば関数を級数の形で表したり，あるいは初等関数の定義の中で Riemann 面について説明したりした．また重要な「一致の定理」や「解析接続」は「複素関数論 II」にまわした．これらが特に進んだ項目故というわけではなく，むしろ量的な問題のためである．したがっ

て本書と「複素関数論 II」(特にその前半) とで合わせて一体の「複素関数論の基礎」として，半年間の講義を構成すると考えていただきたい．「複素関数論 II」では「複素関数論 I」を前提として上で述べたいくつかの主題に対して説明するとともに，より広い立場でもう一度，「複素関数論 I」で説明したことを見直すことにより，数学のもっている「普遍的視点の獲得」というものを合わせて理解してほしい．学部における標準的な複素関数論の講義では通常取り上げないいくつかの話題についても述べる．

1 複素数とその関数

複素数の関数 (複素関数) のさまざまな性質を知るためには，まず複素数の性質を知らなくてはならない．本章では，複素数とその加減乗除を定義することから始める．その後，複素数と 2 次元ベクトルとの関係などにふれる．本章の後半では，複素数列の極限と級数の収束について学ぶ．極限や級数の収束は，実数の場合の極限や級数論と本質的な差はないが，無限級数はそれ自身意味のあるものであるばかりでなく，複素関数を議論するために欠くことができないものである．よく用いられる初等複素関数の多くが無限級数の形で定義される．

1.1 複　素　数

1.1.1 複素数の定義

2 乗して -1 となる数を**虚数単位**といい，これを i と書く[*1]．すなわち

$$\mathrm{i}^2 = -1 \tag{1.1}$$

である．この虚数単位 i を用いて新しい種類の数を定義することができる．

定義 1.1（複素数） 2 つの実数 x, y の組により

$$z = x + \mathrm{i}y \tag{1.2}$$

と定義される "数" z を**複素数**という．ここで，x を複素数 z の**実部**，y を複素数 z の**虚部**という．虚部のみからなる複素数 $\mathrm{i}y$ を (純) 虚数[*2]という．複素数 z の実部，虚部をそれぞれ $\mathrm{Re}\,z,\ \mathrm{Im}\,z$ と書く．

本書では，今後特に断らない限り，複素数を z, w (あるいはこれらに下付の添字を付けたもの) と書き，実数を x, y, u, v (あるいはこれらに下付の添字を付けた

[*1] 工学では電流を表す i と紛らわしいので j と書くこともある．
[*2] 虚数の発見はイタリアの G. Cardano (カルダノ) (1501–1576) による．

もの) と書く．したがって $z = x + \mathrm{i}y$ と書けば x が実部，y が虚部である．2 つの実数 x と y の組により複素数 z と定義したから，これを

$$z = (x, y) \tag{1.3}$$

と書くこともある．実部，虚部とも 0 である複素数を，"複素数 0" という．

$$z = x + \mathrm{i}y = 0 \iff x = 0, \quad y = 0 \tag{1.4}$$

定義 1.2（複素数の相等） 2 つの複素数 z_1 および z_2 の実部および虚部がおのおの等しいとき「複素数 z_1 と z_2 は等しい」という．逆に 2 つの複素数 z_1 と z_2 が等しいのは z_1 および z_2 の実部および虚部がおのおの等しいときに限られる．

$$z_1 = z_2 \iff \begin{cases} \mathrm{Re}\, z_1 = \mathrm{Re}\, z_2 \\ \mathrm{Im}\, z_1 = \mathrm{Im}\, z_2 \end{cases} \tag{1.5}$$

複素数 $z = x + \mathrm{i}y$ に対して虚部の符号を変えたもの $z' = x - \mathrm{i}y$ を z の**共役複素数**あるいは**複素共役**といい，$\bar{z}$ と表す[*3]．

$$\bar{z} = x - \mathrm{i}y \tag{1.6}$$

複素数 $z = x + \mathrm{i}y$ に対して $\sqrt{x^2 + y^2}$ を z の**絶対値**といい，$|z|$ と書く．

$$|z| = \sqrt{x^2 + y^2} \tag{1.7}$$

複素数 $z = x + \mathrm{i}y$ の絶対値が 0 であるのは z が 0 であるときに限る．

$$|z| = 0 \iff \begin{cases} x = 0 \\ y = 0 \end{cases} \tag{1.8}$$

z の絶対値と $\bar{z}$ の絶対値は等しい．

$$|z| = |\bar{z}| \tag{1.9}$$

[*3] 物理学の分野では複素共役を z^* と書くことが多い．

1.1.2 複素数の加減乗除

これまでで複素数は定義したが,まだそれらをどう "計算" するかの規則が定められていない.ここではまず複素数の加減乗除を定義し,計算ができるようにしよう.

定義 1.3（加法,減法） 2つの複素数 $z_1 = x_1 + iy_1$, $z_2 = x_2 + iy_2$ の加法,減法は

$$z_1 \pm z_2 = (x_1 \pm x_2) + i(y_1 \pm y_2) \qquad \text{(複号同順)} \tag{1.10}$$

と定義される.

定義 1.4（乗法） 複素数の乗法は

$$z_1 z_2 = (x_1 x_2 - y_1 y_2) + i(x_1 y_2 + y_1 x_2) \tag{1.11}$$

と定義される.

これは $i^2 = -1$ に注意すれば実数の乗法と同様に行うことができる.

$$\begin{aligned}z_1 z_2 &= (x_1 + iy_1)(x_2 + iy_2) = (x_1 x_2 + i^2 y_1 y_2) + i(x_1 y_2 + y_1 x_2) \\ &= (x_1 x_2 - y_1 y_2) + i(x_1 y_2 + y_1 x_2)\end{aligned} \tag{1.12}$$

定義 1.5（逆数） $z = x + iy$ が 0 でないとき,$zz' = 1$ となる複素数 z' を考えることができる.これを z の逆数といい z^{-1} と書く.具体的に書くと

$$z^{-1} = \frac{x - iy}{x^2 + y^2} = \frac{\bar{z}}{|z|^2} \tag{1.13}$$

である.

$zz^{-1} = (x + iy) \cdot (x - iy)/(x^2 + y^2) = 1$ であることから,これはすぐに確認できよう.

定義 1.6（除法） 複素数 z_2 が 0 でないとき,除法 z_1/z_2 は次のように定義される.

$$\begin{aligned}\frac{z_1}{z_2} &= z_1 z_2^{-1} = z_1 \frac{\bar{z}_2}{|z_2|^2} = \frac{z_1 \bar{z}_2}{|z_2|^2} \\ &= \frac{(x_1 x_2 + y_1 y_2) + i(-x_1 y_2 + y_1 x_2)}{x_2^2 + y_2^2}\end{aligned} \tag{1.14}$$

定理 1.1 複素数の加法 (減法) に対する結合法則，交換法則

$$
\begin{aligned}
(z_1 + z_2) + z_3 &= z_1 + (z_2 + z_3) \qquad \text{（結合法則）} \\
z_1 + z_2 &= z_2 + z_1 \qquad \text{（交換法則）}
\end{aligned} \tag{1.15}
$$

および乗法に対する結合法則，交換法則

$$
\begin{aligned}
(z_1 z_2) z_3 &= z_1 (z_2 z_3) \qquad \text{（結合法則）} \\
z_1 z_2 &= z_2 z_1 \qquad \text{（交換法則）}
\end{aligned} \tag{1.16}
$$

が成り立つ．また分配法則

$$
z_1 (z_2 + z_3) = z_1 z_2 + z_1 z_3 \qquad \text{（分配法則）} \tag{1.17}
$$

が成り立つ．

絶対値は z とその複素共役 $\bar{z}$ を用いて

$$
|z| = \sqrt{z \bar{z}} \tag{1.18}
$$

と書くことができる．

また複素数の和および積の絶対値に対して

$$
|z_1 + z_2| \leq |z_1| + |z_2|, \qquad |z_1 z_2| = |z_1| \cdot |z_2| \tag{1.19}
$$

が成り立つ．

ここで与えた結合法則以下の諸法則は，証明が容易であるから読者自身で試みられたい．

1.2 複 素 平 面

1.2.1 複素平面と複素数

実数を表すのに数直線を用いた．複素数は 2 つの実数の組であるから，2 次元平面を用いれば複素数を表すことができる．

定義 1.7（複素平面） 2 次元平面の x 座標と y 座標をそれぞれ複素数 z の実部 x と虚部 y に対応させて，2 次元平面上の点 (x, y) に複素数 $z = x + \mathrm{i}y$ を対応さ

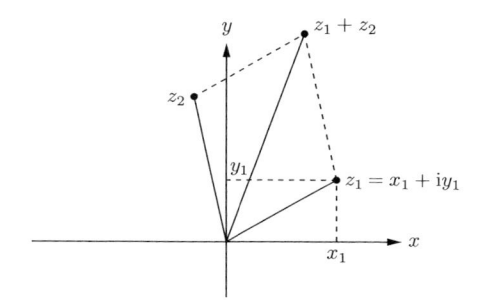

図 1.1 複素平面と複素数の和 $z_1 + z_2$

せる．したがって複素数 0 は原点に対応する．この 2 次元平面を**複素平面**または **Gauss（ガウス）平面**という[*4]．また複素平面の x 軸を**実軸**，y 軸を**虚軸**とよぶ．

複素平面を用いると複素数相互の関係などが明確になる[*5]．複素共役 $\bar{z}$ は z の虚部の符号を変えたものであるから，点 z と点 $\bar{z}$ は実軸に対して互いに対称な位置にある．2 つの複素数 z_1, z_2 の和 $z_1 + z_2$ は，原点から 2 点 z_1 と z_2 に向かう 2 次元ベクトルを考えたとき，その 2 つのベクトルの和が示す点が対応する複素数である（図 1.1）[*6]．複素数 z の絶対値 $|z|$ は複素平面上で，原点 $(0,0)$ から点 $z = (x, y)$ までの距離である．

同じようにして 2 つの複素数 z_1, z_2 の差の絶対値 $|z_1 - z_2|$ は 2 点 z_1 と z_2 の間の距離である．このように考えると 2 つの複素数 z_1 と z_2 およびその和または差の絶対値の間に成り立つ関係

$$|z_1 \pm z_2| \leq |z_1| + |z_2| \tag{1.20}$$

も単に「三角形の 2 辺の長さの和は他の 1 辺の長さより長い」ということを意味していることがわかる．

[*4] 複素数を平面上の 1 点に対応させることは Johann Carl Friedrich Gauss（ヨハン・カール・フリードリヒ・ガウス）によって行われた．
[*5] 実数の場合には数直線上の位置によって，2 つの実数の間の大小関係をいうことができた．複素数そのものを不等号で関係づけることはできないが，複素平面上の位置関係で理解することができる．
[*6] 複素数が実 2 次元ベクトル空間の点，和あるいは差が 2 次元ベクトルの和あるいは差にそれぞれ対応した．しかし乗法はベクトルの内積 (乗法) には対応していない．

a. 平面上の図形

2次元平面における図形の方程式をベクトル表示を用いて書くことができる．したがって平面上の図形の式を複素数を用いて書くこともできる．いくつかの図形の複素数を用いた式表現を見よう．

例 1.1 (直線の式) 2次元平面上の直線は a, b, c を実数として $ax + by + c = 0$ と書かれる．したがって複素平面上の直線は，$\alpha = a + \mathrm{i}b, z = x + \mathrm{i}y$ として

$$\bar{\alpha} z + \alpha \bar{z} + 2c = 0 \tag{1.21}$$

と表される． ◁

例 1.2 (円の方程式) 点 (x_0, y_0) を中心として半径 a である2次元平面上の円の方程式は $(x - x_0)^2 + (y - y_0)^2 - a^2 = 0$ である．これを複素数 $z_0 = x_0 + \mathrm{i}y_0$ と $z = x + \mathrm{i}y$ を用いて

$$|z - z_0|^2 = (z - z_0)(\bar{z} - \bar{z}_0) = a^2 \tag{1.22}$$

と表すことができる．あるいは c を $c = z_0 \bar{z}_0 - a^2$ である実数とすれば

$$z\bar{z} - \bar{z}_0 z - z_0 \bar{z} + c = 0 \qquad (c - |z_0|^2 < 0) \tag{1.23}$$

と表すことができる． ◁

1.2.2　複素数の2次元極座標による表示

2次元平面上の点 (x, y) に対して極座標表示を用いれば以下のように書かれる．

$$x = r\cos\theta, \qquad y = r\sin\theta \tag{1.24}$$

r は原点 $(0, 0)$ から点 (x, y) までの距離

$$r = \sqrt{x^2 + y^2} = |z| \tag{1.25}$$

を，θ は x 軸 (実軸) から反時計回りを正にとったベクトル (x, y) の回転角

$$\theta = \arctan\frac{y}{x} \begin{cases} 0 \le \theta \le \pi \quad (\bmod\ 2\pi) & (y \ge 0) \\ -\pi < \theta < 0 \quad (\bmod\ 2\pi) & (y < 0) \end{cases} \tag{1.26}$$

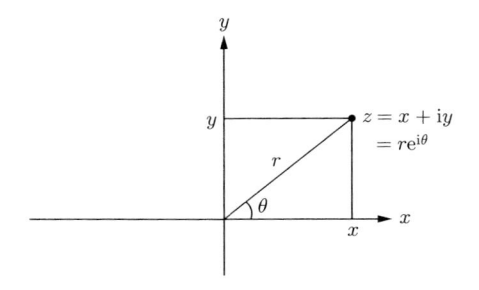

図 1.2 複素数の極表示

を表す[*7].

極座標表示 (1.24) を用いれば，複素数 $z = x + \mathrm{i}y$ は

$$z = x + \mathrm{i}y = r(\cos\theta + \mathrm{i}\sin\theta) \tag{1.27}$$

である (図 1.2). r は複素数 z の**絶対値** $|z|$ である．θ を複素数 z の**偏角**といい，$\arg z$ と書く.

$$\theta = \arg z \tag{1.28}$$

しかし式 (1.26) のように書いたのでは，偏角は 2π の整数倍だけの不定性があり，一意的には定まらないので，θ の値を不定性がないようにあらかじめ決めておく必要がある．$z = 0$ は，絶対値が 0 で偏角は不定である．

偏角を特に $-\pi$ から π (または 0 から 2π) に限って示すことがある．このときは arg の頭文字を小文字ではなく大文字を用いて $\mathrm{Arg}\,z$ と表す．すなわち ($z \neq 0$ として)

$$\begin{aligned}\arg z &= \mathrm{Arg}\,z + 2n\pi \qquad (n \text{ は適当な整数})\\ -\pi &< \mathrm{Arg}\,z \leq \pi\end{aligned} \tag{1.29}$$

である．$\mathrm{Arg}\,z$ を偏角の**主値**という．

[*7] 二つの実数 a, b に対し，ある整数 n が存在して，$b = a + 2n\pi$ が成り立つとき，$a = b \pmod{2\pi}$ と書き，「a と b は 2π を法として等しい」という．

1.2.3 Euler の公式と複素数の極形式

実数 θ の関数 $e^{i\theta}$ を次のように定義しよう．

$$e^{i\theta} = \cos\theta + i\sin\theta \tag{1.30}$$

これを **Euler（オイラー）の公式**という．Euler の公式を用いれば，複素数 z は

$$z = x + iy = r(\cos\theta + i\sin\theta) = re^{i\theta} \tag{1.31}$$

となる．これを複素数の**極形式**とよぶ．ここで e は自然対数の底 [または Napier（ネイピア）数とよばれる数] で，$e = 2.7182818284\cdots$ という超越数である．

注意 1.1 一般の指数べきは 3.5.1 項で定義する．ここでは，式 (1.30) は e が何であれ，関数の定義であると理解しておくのがよい．Euler の公式に現れた指数関数 $e^{i\theta}$ は例 1.7, 例 1.8, および 3.3.1 項で定義，収束性などの議論を行う．ここではそれらを簡単に示しておこう．指数関数は次の無限級数の形で定義される．

$$e^{i\theta} = \sum_{n=0}^{\infty} \frac{1}{n!}(i\theta)^n$$

この無限級数の絶対収束性は例 1.7 で議論する．上の級数が収束しているとして，実部と虚部にまとめ直して整理し，三角関数に関する Taylor（テイラー）展開の公式を用いて書き換えると

$$e^{i\theta} = \sum_{n=0}^{\infty} \frac{1}{n!}(i\theta)^n = \sum_{n=0}^{\infty} \frac{(-1)^n \theta^{2n}}{(2n)!} + i\sum_{n=0}^{\infty} \frac{(-1)^n \theta^{2n+1}}{(2n+1)!}$$
$$= \cos\theta + i\sin\theta$$

を得る．これが Euler の公式である． ◁

極形式を用いると複素数の乗法，除法の幾何学的な意味を理解できる．$e^{i\theta} = \cos\theta + i\sin\theta$ として三角関数の加法定理を用いると

$$\begin{aligned}
e^{i(\theta_1+\theta_2)} &= \cos(\theta_1+\theta_2) + i\sin(\theta_1+\theta_2) \\
&= (\cos\theta_1\cos\theta_2 - \sin\theta_1\sin\theta_2) + i(\sin\theta_1\cos\theta_2 + \cos\theta_1\sin\theta_2) \\
&= (\cos\theta_1 + i\sin\theta_1)(\cos\theta_2 + i\sin\theta_2) \\
&= e^{i\theta_1} e^{i\theta_2}
\end{aligned}$$

であるので，$z_1 = r_1 \exp(\mathrm{i}\theta_1)$, $z_2 = r_2 \exp(\mathrm{i}\theta_2)$ と書いたとき，その積は

$$z_1 z_2 = r_1 r_2 \exp\{\mathrm{i}(\theta_1 + \theta_2)\} \tag{1.32}$$

である．したがって $z_1 z_2$ の絶対値はそれぞれの絶対値の積であり，偏角はそれぞれの偏角の和に等しい．

$$|z_1 z_2| = |z_1||z_2| \tag{1.33a}$$

$$\arg(z_1 z_2) = \arg z_1 + \arg z_2 \tag{1.33b}$$

式 (1.33b) の偏角の和については注意を要する．簡単な例を考えよう．$z_1 = z_2 = -1 = \mathrm{e}^{\mathrm{i}\pi}$ の場合，$z_1 z_2 = 1$ であるから $\arg(z_1 z_2) = 0$ だと考えたいかも知れない．しかし，正しくは $\arg z_1 + \arg z_2 = 2\pi$ である．すなわち，ここでは z_1 と z_2 の値を絶対値と偏角を上のように指定して与えたために，$z_1 z_2$ についても絶対値が 1，偏角が $\pi + \pi = 2\pi$ と定まるのである．このことからも，一般的に複素数はその値を与えただけでは偏角に $2n\pi$ だけの不定性があるということが理解できたであろう．したがって式 (1.33b) については，**両辺が集合として等しい**ということを意味する．ただし，偏角の値そのものについては 2π を法として両者は等しい．

$$\arg(z_1 z_2) = \arg z_1 + \arg z_2 \pmod{2\pi} \tag{1.34a}$$

$$\mathrm{Arg}\,(z_1 z_2) = \mathrm{Arg}\,z_1 + \mathrm{Arg}\,z_2 \pmod{2\pi} \tag{1.34b}$$

例 1.3 複素数 z に虚数単位 $\mathrm{i} = \mathrm{e}^{\mathrm{i}\pi/2}$ を乗ずると複素平面上で点 (x, y) は原点を中心として $\pi/2$ だけ回転 (反時計回りに $\pi/2$ 回転) する．一方 $-\mathrm{i} = \mathrm{e}^{-\mathrm{i}\pi/2}$ を乗ずると $-\pi/2$ だけ回転 (時計回りに $\pi/2$ 回転) する． ◁

1.2.4 複素数のべき乗とべき根

極形式を用いると，複素数のべき乗の表現も簡単で，かつ理解も容易である．
式 (1.32) を用い，n を正の整数 (自然数) とすれば，$z = r\mathrm{e}^{\mathrm{i}\theta}$ として

$$z^n = r^n (\mathrm{e}^{\mathrm{i}\theta})^n = r^n \mathrm{e}^{\mathrm{i}n\theta} \tag{1.35}$$

となる．

例 1.4 $(e^{i\theta})^n = e^{in\theta}$ の両辺を三角関数を用いて表すと，**de Moivre** (ド・モアブル) の定理

$$(\cos\theta + i\sin\theta)^n = \cos n\theta + i\sin n\theta \tag{1.36}$$

が導かれる． ◁

複素数のべき根 (べき乗根) はどうなるだろうか．z の n 乗根 (n は自然数) w を考えよう．

$$w = z^{1/n}, \qquad w^n = z \tag{1.37}$$

$z = r e^{i\theta}, w = \rho e^{i\phi}$ として第 2 式の両辺を比べることにより

$$\rho^n = r, \qquad e^{in\phi} = e^{i\theta}$$

を得る．ここで第 2 式の指数部の偏角には $2m\pi$ だけの不定性があることを考えると，$in\phi = i(\theta + 2m\pi)$ であるから

$$\rho = \sqrt[n]{r}, \qquad \phi = \frac{\theta}{n} + \frac{2m\pi}{n} \tag{1.38}$$

となる．ただし m は適当な整数 ($m = 0, 1, 2, 3, \cdots, n-1$) である．$m \geq n$ となると w は，

$$\phi = \frac{\theta}{n} + \frac{2m\pi}{n} \quad \text{および} \quad \phi = \frac{\theta}{n} + \frac{2m'\pi}{n} \quad (m' = m - n)$$

の場合とで，複素 w 平面上の同じ点にくることに注意しよう．これから z の n 乗根 $w = z^{1/n}$ は，複素平面上で原点を中心とした半径 $\sqrt[n]{r}$ の円周上に等間隔に n 個並んでいることがわかる (図 1.3)．したがって n 乗根 $w = z^{1/n}$ は，複素 z 平面上の 1 点を複素 w 平面上の n 個の点に対応させる**多価関数** (n 価関数という) である．

例 1.5 複素数 $i^{1/2}$ を考える．

$$i^{1/2} = e^{i(\pi/2 + 2n\pi)/2}$$

であるから

$$i^{1/2} = \cos\frac{\pi}{4} + i\sin\frac{\pi}{4} \quad (n = 0), \qquad \cos\frac{5\pi}{4} + i\sin\frac{5\pi}{4} \quad (n = 1)$$

となり，

$$i^{1/2} = \frac{1}{\sqrt{2}} + i\frac{1}{\sqrt{2}}, \qquad -\frac{1}{\sqrt{2}} - i\frac{1}{\sqrt{2}}$$

となる． ◁

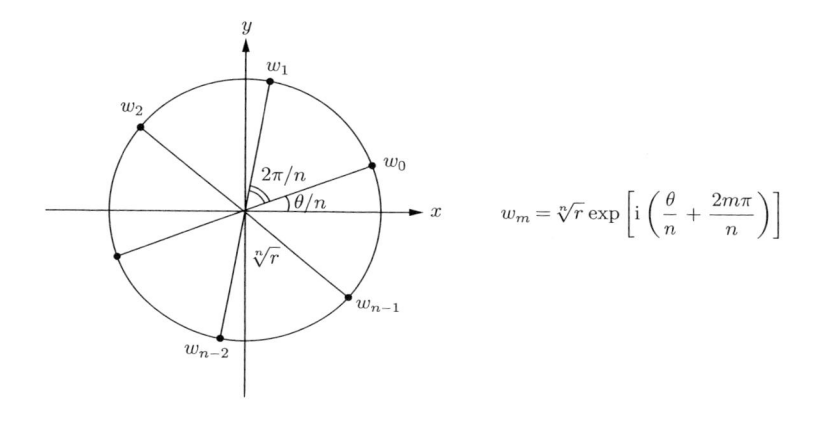

図 1.3 べき根の分布

$$w_m = \sqrt[n]{r} \exp\left[i\left(\frac{\theta}{n} + \frac{2m\pi}{n}\right)\right]$$

1.3 複素数の数列と級数

1.3.1 数列と極限

定義 1.8（数列の極限） 複素数の**数列** $\{z_n\}$ ($n = 1, 2, 3, \cdots$) を考えよう．これは複素平面上の点列である．この数列と複素数 c に対して

$$\lim_{n \to \infty} |z_n - c| = 0 \tag{1.39}$$

が成り立つとき「数列 $\{z_n\}$ は複素数 c に**収束**する」といい，

$$\lim_{n \to \infty} z_n = c \tag{1.40}$$

とも書く．複素数 c を数列 $\{z_n\}$ の**極限値**という．収束しない数列を「**発散する**」という．

式 (1.39) あるいは式 (1.40) は次のように言い換えてもよい．すなわち，任意の正数 ε に対して適当な自然数 N が存在し，$n > N$ であるすべての n に対して

$$|z_n - c| < \varepsilon \tag{1.41}$$

が成り立つ (図 1.4)．

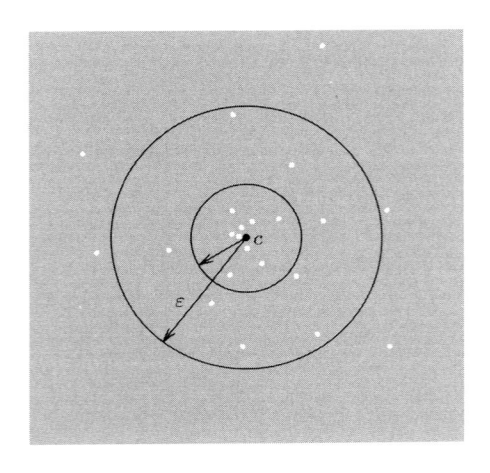

図 1.4　複素数列 $\{z_n\}$ の収束．中心 c，半径 ε の円内に無限個の点が存在し，円外の点は有限個．

定義より

$$\lim_{n\to\infty}|z_n-c|=0 \iff \begin{cases}\lim_{n\to\infty}\operatorname{Re}(z_n-c)=0\\ \lim_{n\to\infty}\operatorname{Im}(z_n-c)=0\end{cases} \iff \begin{cases}\lim_{n\to\infty}\operatorname{Re}z_n=\operatorname{Re}c\\ \lim_{n\to\infty}\operatorname{Im}z_n=\operatorname{Im}c\end{cases}$$

である．つまり複素数列 $\{z_n\}$ が収束することは 2 つの実数列 $\{x_n\}$, $\{y_n\}$ がともに収束することと同等である．したがって複素数列の収束判定の条件は実数列のそれと変わりがない．

定理 1.2 [数列に対する Cauchy (コーシー) の収束判定定理]　数列 $\{z_n\}$ が与えられたとき，任意の正数 ε に対して自然数 N を適当に選ぶと，N より大きいすべての自然数 n, m に対して

$$|z_n - z_m| < \varepsilon \tag{1.42}$$

が成り立つならば，$\{z_n\}$ は収束する．逆もまた成り立つ．式 (1.42) のような数列を **Cauchy** (コーシー) **列**あるいは**基本列**とよぶ．

(証明)　この定理の条件が，数列が収束するための必要条件であること，すなわち収束するならば Cauchy 列をなすことは，次のように示すことができる．実際，

$\{z_n\}$ が c に収束するならば，任意の正数 $\varepsilon/2$ に対して適当な自然数 N が存在して $n, m > N$ であるすべての n, m に対して

$$|z_n - c| < \frac{\varepsilon}{2}, \qquad |z_m - c| < \frac{\varepsilon}{2}$$

が成り立つ．したがって

$$|z_n - z_m| = |(z_n - c) - (z_m - c)| \leq |z_n - c| + |z_m - c| < \varepsilon$$

となる．すなわち Cauchy 列である．これで必要条件であることが示された．

十分条件であることも以下のように示すことができる．

$$|z_n - z_m|^2 = |x_n - x_m|^2 + |y_n - y_m|^2$$

が成り立つから

$$|z_n - z_m| \geq |x_n - x_m|, \qquad |y_n - y_m|$$

である．すなわち

$$|z_n - z_m| < \varepsilon \Rightarrow |x_n - x_m| < \varepsilon, \qquad |y_n - y_m| < \varepsilon$$

が成り立つ．つまり，複素数列 $\{z_n\}$ が Cauchy 列であれば，その実部がなす数列 $\{x_n\}$ も虚部がなす数列 $\{y_n\}$ もともに Cauchy 列である．あとは $\{x_n\}, \{y_n\}$ がそれぞれ収束することをいえばよい．実数列が Cauchy 列をなすことが，その実数列が収束する必要十分条件 (実数列に対する Cauchy の収束判定定理) である[*8]．これより，$\{z_n\}$ も収束する． ∎

[*8] 実数列についての証明の核心を思い出すために $|x_n - x_m| < \varepsilon \Rightarrow \lim x_n = a$ を示しておこう．まず x_n が有界であることを示す．$n > N$ であるとき任意の正数 ε に対して

$$|x_n - x_N| < \varepsilon, \qquad x_N - \varepsilon < x_n < x_N + \varepsilon$$

だから $n > N$ である x_n は有界である．したがって有限個の x_m $(m \leq N)$ を付け加えた $\{x_n\}$ は有界である．

いま任意の n に関して $x_n, x_{n+1}, x_{n+2}, \cdots$ の上限および下限をそれぞれ u_n, l_n とおくと，

$$l_1 \leq l_2 \leq \cdots \leq l_n \leq \cdots \leq u_n \leq \cdots \leq u_2 \leq u_1$$

である．$\{l_n\}, \{u_n\}$ はそれぞれ有界単調数列ゆえ収束する．さらに

$$u_n - l_n \leq \varepsilon$$

であり，n を十分大きくすることによって ε は任意に小さくできる．以上によって l_n, u_n は収束し，$l_n \to a$, $u_n \to a$ である a が存在する．これで

$$\lim_{n \to \infty} x_n = a$$

が示された．この議論は「区間縮小法」とよばれる．

定理 1.3 2つの数列 $\{z_n\}$ と $\{w_n\}$ が収束するとき

$$\lim_{n\to\infty}(z_n \pm w_n) = \lim_{n\to\infty} z_n \pm \lim_{n\to\infty} w_n \qquad \text{(複号同順)} \tag{1.43}$$

が成り立つ.

定理 1.4 2つの数列 $\{z_n\}$ と $\{w_n\}$ が収束するとき

$$\lim_{n\to\infty} z_n w_n = \lim_{n\to\infty} z_n \lim_{m\to\infty} w_m \tag{1.44a}$$

が成り立つ. また w_m が 0 に収束しないとき,

$$\lim_{n\to\infty} \frac{z_n}{w_n} = \frac{\lim_{n\to\infty} z_n}{\lim_{m\to\infty} w_m} \tag{1.44b}$$

が成り立つ.

これらの証明は難しくないので読者にまかせる.

1.3.2 級数とその収束

複素数の**無限級数**とその収束性について考えよう. 後で複素数の関数を無限級数 (z のべき級数) として定義したり, あるいはその性質を議論するときに, べき級数の性質として議論することも多い.

定義 1.9 (級数と級数の収束)

$$\sum_{m=1}^{\infty} z_m = z_1 + z_2 + z_3 + \cdots \tag{1.45}$$

を (複素) 級数という. 複素級数の部分和

$$S_N = \sum_{m=1}^{N} z_m \tag{1.46}$$

のなす列 $\{S_N\}$ が S に収束するとき「級数 $\sum_{n=1}^{\infty} z_n$ は S に収束する」という. また $\{S_N\}$ が発散するとき「級数 $\sum_{n=1}^{\infty} z_n$ は**発散**する」という.

級数 $\sum_{n=1}^{\infty} z_n$ が収束するということと 2 つの実級数 $\sum_{n=1}^{\infty} x_n, \sum_{n=1}^{\infty} y_n$ が収束するということは同等である.

定理 1.5（部分和に対する **Cauchy** の収束判定定理）　級数 $\sum_{n=1}^{\infty} z_n$ が収束するならば，任意の正数 ε に対して適当な N を選ぶと

$$|z_{n+1} + z_{n+2} + \cdots + z_{n+p}| < \varepsilon \quad (n > N,\ p > 0) \tag{1.47}$$

を満たす．逆もまた成り立つ．

$z_{n+1} + z_{n+2} + \cdots + z_{n+p} = S_{n+p} - S_n$ であるから，この定理は部分和の列 $\{S_n\}$ に関する収束判定定理 1.2 の言い直しである．証明はきわめて容易なので読者にまかせる．

定理 1.6　$\sum_{n=1}^{\infty} z_n$ が収束するならば，$\lim_{n \to \infty} z_n = 0$ である.

(**証明**)　収束判定定理 (定理 1.5) で $p=1$ とすればよい．　■

定義 1.10　級数 $\sum_{n=1}^{\infty} z_n$ の各項の絶対値を各項とする級数 $\sum_{n=1}^{\infty} |z_n|$ が収束するとき，「複素級数 $\sum_{n=1}^{\infty} z_n$ は**絶対収束**する」といい，級数 $\sum_{n=1}^{\infty} z_n$ を**絶対収束級数**という．

定理 1.7　級数 $\sum_{n=1}^{\infty} z_n$ が絶対収束するならば，この級数は収束する．

(**証明**)　一般の複素数の組 $z_{n+1}, z_{n+2}, \cdots, z_{n+p}$ に対して

$$|z_{n+1} + z_{n+2} + \cdots + z_{n+p}| \leq |z_{n+1}| + |z_{n+2}| + \cdots + |z_{n+p}|$$

である．級数 $\sum_{n=1}^{\infty} z_n$ が絶対収束なら

$$|z_{n+1}| + |z_{n+2}| + \cdots + |z_{n+p}| < \varepsilon$$

である．したがって

$$|z_{n+1} + z_{n+2} + \cdots + z_{n+p}| < \varepsilon$$

となる. ∎

以下に絶対収束級数に関するいくつかの定理を述べる. いずれも難しくないので証明は読者にまかせよう.

定理 1.8 絶対収束級数は項の順番を入れ替えても絶対収束級数であり, その値はもとの級数の和の値と同じである.

定理 1.9 絶対収束級数の続いている項をいくつかずつまとめて 1 項としてつくった級数も絶対収束し, その値はもとの級数の和の値と等しい.

定理 1.10 $\sum z_n$ および $\sum w_n$ が絶対収束するならば, $\sum(z_n + w_n)$ も絶対収束し, $\sum(z_n + w_n) = \sum z_n + \sum w_n$ である.

定理 1.11 $|z_n| \leq M_n$ および $\sum M_n$ が収束するような非負な実数列 $\{M_n\}$ が存在すれば, $\sum z_n$ は絶対収束する.

例 1.6 $|z| < 1$ であれば
$$\sum_{n=1}^{\infty} z^n$$
は絶対収束する. $M_n = x^n$, $|z| = x < 1$ である実数列 (等比数列 x^n) を考えればよい. ◁

例 1.7 級数
$$\sum_{n=0}^{\infty} \frac{z^n}{n!}$$
は絶対収束する. $M_n = |z|^n/n!$, $|z| = x$ である実数の級数 $\mathrm{e}^x = \sum_{n=0}^{\infty} x^n/n!$ は絶対収束するからである. これを $\mathrm{e}^z, \exp z$ と書く. ◁

定理 1.12 $\sum z_n$ および $\sum w_n$ が絶対収束するならば, それぞれの項の積のすべての組合せ $z_n w_m$ をとり, それらを任意の順序で並べた級数 $\sum z_n w_m$ も絶対収束し, その和はそれぞれの級数和の積に等しい.

$$\sum_{n,m=1}^{\infty} z_n w_m = \sum_{n=1}^{\infty} z_n \sum_{m=1}^{\infty} w_m \tag{1.48}$$

(**証明**) 級数 $\sum z_n w_m$ のある部分和を選んだとき，その部分和に含まれる添字 n, m の最大値を K, L とする．すると，その部分和について

$$\sum |z_n w_m| \leq \sum_{n=1}^{K} |z_n| \sum_{m=1}^{L} |w_m| \leq \sum_{n=1}^{\infty} |z_n| \sum_{m=1}^{\infty} |w_m|$$

となる．$\sum |z_n|, \sum |w_m|$ は絶対収束するから左辺も部分列の選び方によらず，有限である．したがって，無限級数の和 $\sum z_n w_m$ は絶対収束する．これは $z_n w_m$ の並べ方にもよらない．以上により $\sum_{n,m=1}^{\infty} z_n w_m$ の各項の順番を適当に入れ換えることにより

$$\sum_{n,m=1}^{\infty} z_n w_m = \sum_{n=1}^{\infty} z_n \sum_{m=1}^{\infty} w_m$$

となる． ∎

例 1.8

$$e^z = \sum_{n=1}^{\infty} \frac{z^n}{n!} \tag{1.49}$$

と定義し，

$$\frac{(z_1 + z_2)^n}{n!} = \sum_{\substack{l+m=n \\ l \geq 1, m \geq 1}} \frac{z_1^l z_2^m}{l! m!}$$

に注意すれば定理 1.12 からすぐに

$$e^{z_1 + z_2} = e^{z_1} e^{z_2} \tag{1.50}$$

が導かれる． ◁

2 複素関数と正則性

　本章では複素解析，複素関数の性質の基本である微分可能性とそれから直接導かれる性質について述べる．複素数 z は複素平面上の点であるから，微分を定義するために z を z_0 に近づける極限操作にも無数の近づけ方がある．この極限のとり方に依存しない一定の値が存在することが複素関数の微分の定義と一体になっている．

2.1 複素関数とその連続性

定義 2.1（複素関数） 複素 z 平面から複素 w 平面への写像が与えられたとき

$$w = f(z) \tag{2.1}$$

と書いて，$f(z)$ を z の関数，あるいは**複素関数**という．

　複素関数 $w = f(z)$ について，z を z_0 に近づけたとき w が w_0 にいくらでも近づく，すなわち任意の正数 ε に対して適当な正数 δ が存在し，$0 < |z - z_0| < \delta$ であるすべての z について

$$|f(z) - w_0| < \varepsilon \tag{2.2}$$

が成り立つならば，

$$\lim_{z \to z_0} f(z) = w_0 \tag{2.3}$$

と書いて，w_0 を「w の $z \to z_0$ における**極限値**」という．

定義 2.2（連続性） $\lim_{z \to z_0} f(z) = f(z_0)$ のとき，すなわち任意の正数 ε に対して適当な正数 δ が存在して，

$$|z - z_0| < \delta \text{ であるすべての } z \text{ について } |f(z) - f(z_0)| < \varepsilon \tag{2.4}$$

であるとき，「$f(z)$ は $z = z_0$ で**連続である**」という（図 2.1）．

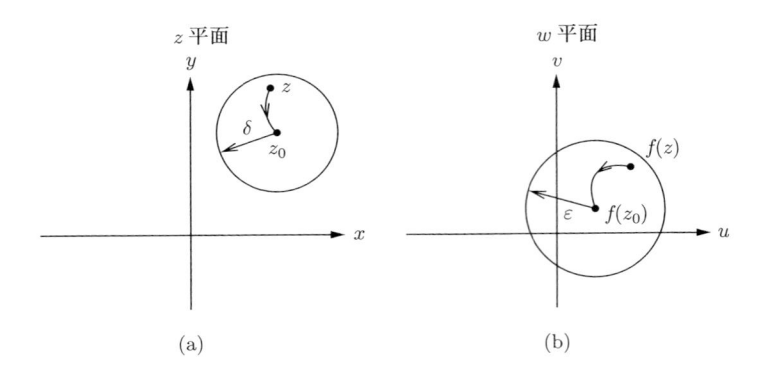

図 2.1 関数の連続性. 半径 δ の円内の点 z の写像 $w = f(z)$ は半径 ε の円内にある.

一般に **2 次元ベクトル**空間 (x, y) から 2 次元ベクトル空間 (u, v) への写像は

$$f(z) = u(x, y) + iv(x, y)$$

と表すことができる. さらに $x = (z + \bar{z})/2$, $y = (z - \bar{z})/(2i)$ であるから,

$$f = u(z, \bar{z}) + iv(z, \bar{z})$$

とも表現できる. われわれが複素解析で問題にするのは $\bar{z}$ を用いないと表せない関数ではなく,

$$w = f(z) = u(z) + iv(z)$$

と表される関数, たとえば $w_1 = z^2$ である. 一方, $w_2 = x^2 + y^2$ は $w_2 = z\bar{z} = |z|^2$ であるから, $\bar{z}$ や $|z|$ を用いずに z だけで書くことはできない. このような関数はこれからの議論の中心ではない (例 2.7 参照).

複素関数 $f(z)$, $g(z)$ に関して $\lim_{z \to z_0} f(z)$, $\lim_{z \to z_0} g(z)$ が存在するならば次の性質が成り立つ.

(1) $\lim_{z \to z_0} [f(z) \pm g(z)] = \lim_{z \to z_0} f(z) \pm \lim_{z \to z_0} g(z)$
(2) $\lim_{z \to z_0} cf(z) = c \lim_{z \to z_0} f(z)$ (c は複素定数)
(3) $\lim_{z \to z_0} [f(z) g(z)] = \lim_{z \to z_0} f(z) \cdot \lim_{z \to z_0} g(z)$
(4) $\lim_{z \to z_0} \dfrac{f(z)}{g(z)} = \dfrac{\lim_{z \to z_0} f(z)}{\lim_{z \to z_0} g(z)}$, ただし $\lim_{z \to z_0} g(z) \neq 0$

証明は容易なので省略する．

2.2 複素関数の微分可能性と正則性

2.2.1 複素関数の微分

定義 2.3（ε 近傍，近傍） z_0 を任意の複素数，ε を正の数とするとき，z_0 からの距離が ε より小さい Gauss 平面上の点の集合

$$\{z \mid |z - z_0| < \varepsilon\} \tag{2.5}$$

を，「z_0 の ε 近傍」という．その内部に z_0 を含む領域を「z_0 の近傍」という．

定義 2.4（微分演算） 複素 z 平面上の領域 D で定義された複素関数 $w = f(z)$ に関して，D 内の任意の点 z_0 において

$$\lim_{z \to z_0} \frac{f(z) - f(z_0)}{z - z_0} \tag{2.6}$$

が一意的に存在する (有限確定) ならば，「$f(z)$ は領域 D で**微分可能である**」という．この式 (2.6) を**微分係数**または**導関数**とよび，$f'(z_0)$ あるいは $\left.\dfrac{\mathrm{d}f}{\mathrm{d}z}\right|_{z=z_0}$ と書く．

$$f'(z_0) = \left.\frac{\mathrm{d}f}{\mathrm{d}z}\right|_{z=z_0} = \lim_{z \to z_0} \frac{f(z) - f(z_0)}{z - z_0} \tag{2.7}$$

ここでは単に $\lim\limits_{z \to z_0}$ (z を z_0 に近づける) と表現したが，その近づけ方 (2 次元平面上での近づけ方の道) は指定していない．言い換えれば，D 内でどのような近づけ方をしても，その道筋に依存せず，極限値 (2.7) が一意的に存在することを要求している．この条件から複素関数の豊かな性質が導かれる．

微分可能性の条件を次のように書くと，今後のさまざまな議論の際に便利である．

$$\begin{aligned}\Delta f \equiv f(z + \Delta z) - f(z) = f'(z)\Delta z + \delta \Delta z \\ \text{ただし } \Delta z \to 0 \text{ のとき, } \delta \to 0\end{aligned} \tag{2.8}$$

定義 2.5（正則） 領域 D の任意の点で微分可能な関数を「領域 D で**正則**」という．また複素関数 $f(z)$ が「点 z_0 で正則である」とは「点 z_0 で微分可能」なことをいい，点 z_0 を関数 $f(z)$ の**正則点**とよぶ．(領域 D で) 正則な関数を**正則関数**という．また関数 $f(z)$ が $z = z_0$ で正則でないとき，点 z_0 を**特異点**という．

2.2.2 微分の公式

微分の定義から，べき乗，べき根の微分およびその他，微分に関する基本的公式が直接導かれる．

例 2.1 n を正の整数として，べき乗 z^n の微分は，2項展開の公式

$$(z+\Delta z)^n = z^n + nz^{n-1}\Delta z + \frac{1}{2}n(n-1)z^{n-2}(\Delta z)^2 + \cdots$$

より

$$\frac{\mathrm{d}z^n}{\mathrm{d}z} = \lim_{\Delta z \to 0} \frac{(z+\Delta z)^n - z^n}{\Delta z} = nz^{n-1} \tag{2.9}$$

となる． ◁

例 2.2 n を正の整数として，べき根 $z^{1/n}$ の微分は $(z+\Delta z)^{1/n} = a$, $z^{1/n} = b$ とおくと

$$\frac{(z+\Delta z)^{1/n} - z^{1/n}}{\Delta z} = \frac{a-b}{a^n - b^n}$$

$$= \frac{a-b}{(a-b)(a^{n-1} + a^{n-2}b + a^{n-3}b^2 + \cdots + ab^{n-2} + b^{n-1})}$$

という変形を経て

$$\frac{\mathrm{d}z^{1/n}}{\mathrm{d}z} = \lim_{a \to b} \frac{1}{a^{n-1} + a^{n-2}b + a^{n-3}b^2 + \cdots + ab^{n-2} + b^{n-1}}$$

$$= \frac{1}{n} z^{(1/n)-1} \tag{2.10}$$

が導かれる．また $z^{1/n}$ は $z=0$ では微分不可能である． ◁

複素関数の微分の諸公式をあげておこう．

$$\frac{\mathrm{d}}{\mathrm{d}z}\left[cf(z)\right] = c\frac{\mathrm{d}f(z)}{\mathrm{d}z} \tag{2.11a}$$

$$\frac{\mathrm{d}}{\mathrm{d}z}\left[f(z) \pm g(z)\right] = \frac{\mathrm{d}f(z)}{\mathrm{d}z} \pm \frac{\mathrm{d}g(z)}{\mathrm{d}z} \tag{2.11b}$$

$$\frac{\mathrm{d}}{\mathrm{d}z}\left(f(z)\,g(z)\right) = \frac{\mathrm{d}f(z)}{\mathrm{d}z}g(z) + f(z)\frac{\mathrm{d}g(z)}{\mathrm{d}z} \tag{2.11c}$$

$$\frac{\mathrm{d}}{\mathrm{d}z}\left[\frac{f(z)}{g(z)}\right] = \frac{\dfrac{\mathrm{d}f(z)}{\mathrm{d}z}g(z) - f(z)\dfrac{\mathrm{d}g(z)}{\mathrm{d}z}}{g(z)^2} \tag{2.11d}$$

これらの証明は実関数のときと形式的にまったく同じであるし，式 (2.8) を用いれば容易である．

定理 2.1（合成関数の微分） $g(z)$ は $z = z_0$ で微分可能，$f(w)$ は $w = w_0 = g(z_0)$ で微分可能であるとき，$f(g(z))$ は $z = z_0$ で微分可能で

$$\frac{\mathrm{d}f(g(z_0))}{\mathrm{d}z} = \frac{\mathrm{d}f(w(z_0))}{\mathrm{d}w} \cdot \frac{\mathrm{d}g(z_0)}{\mathrm{d}z} \tag{2.12}$$

である．

(証明) g の変動 Δg に対する f の変動を Δf などと書けば，微分可能性により

$$\Delta f = f'(g)\Delta g + \gamma \Delta g, \qquad \Delta g = g'(z)\Delta z + \gamma' \Delta z$$

となる．ここで $\Delta g \to 0$ のとき $\gamma \to 0$，および $\Delta z \to 0$ のとき $\gamma' \to 0$ となる．したがって

$$\frac{\Delta f}{\Delta z} = (f'(g) + \gamma)(g'(z) + \gamma') = f'(g)g'(z) + (f'(g)\gamma' + \gamma g'(z) + \gamma \gamma')$$

である．$\Delta z \to 0$ のとき $\gamma \to 0, \gamma' \to 0$ であり，右辺の最後の括弧内の式は 0 に収束するから式 (2.12) が導かれる． ∎

例 2.3 n を正の整数として逆べき z^{-n} の微分を考えよう．合成関数の微分公式 (2.12) で $f(w) = w^n$，$w(z) = z^{-1}$ とすれば

$$\frac{\mathrm{d}}{\mathrm{d}z}(z^{-n}) = \frac{\mathrm{d}w^n}{\mathrm{d}w} \cdot \frac{\mathrm{d}}{\mathrm{d}z}\left(\frac{1}{z}\right) = n\left(\frac{1}{z}\right)^{n-1} \cdot \left(-\frac{1}{z^2}\right) = -nz^{-n-1} \tag{2.13}$$

である． ◁

例 2.4 q を有理数 $q = m/n$ (n は正の整数) として z^q の微分を考えよう．ここで式 (2.13) があるから，m は正の整数でも負の整数でも同じである．式 (2.12) において $f(w) = w^m$，$w(z) = z^{1/n}$ と考えればよい．

$$(z^{m/n})' = \frac{\mathrm{d}w^m}{\mathrm{d}w} \cdot \frac{\mathrm{d}z^{1/n}}{\mathrm{d}z} = m(z^{1/n})^{m-1} \cdot \frac{1}{n}z^{1/n-1} = \frac{m}{n}z^{m/n-1} = qz^{q-1}$$

となる．以上により有理数べき z^q に対しても

$$\frac{\mathrm{d}z^q}{\mathrm{d}z} = qz^{q-1} \tag{2.14}$$

である． ◁

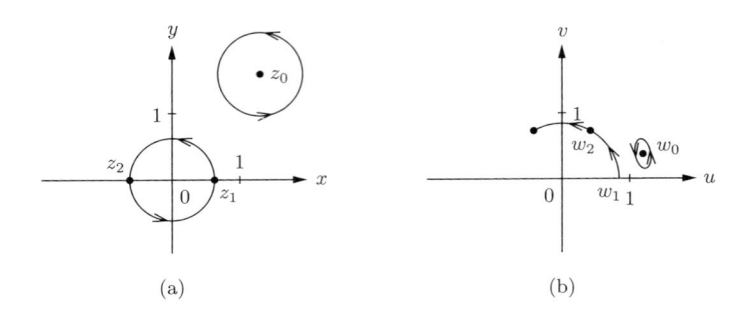

図 2.2 $w = z^{m/n}$ のふるまい. z_0 は w_0 へ, z_1 と z_2 は w_1, w_2 へ写像される.

q を有理数 $q = m/n$ として z^q をもう少し考えよう. $z = \rho e^{i\theta}$ として偏角 θ を 0 から 2π まで動かしてみると関数 $z^{m/n}$ は $\theta = 0$ のところと $\theta = 2\pi$ のところとは連続につながらない (図 2.2). $z^{m/n}$ は複素 z 平面上で 1 価ではないからである. さらに, このため $z = 0$ の近傍では $z = z_1$ での値 $z_1^{m/n}$ を偏角の値を含めて一意的に定めても, z_1 をわずかに動かした点 z_2 での値 $z_2^{m/n}$ が一意的に定まらないことがある. z_1 から z_2 に動かす途中で $z = 0$ を通れば, そこで z の偏角が不定になるからである. $z^{m/n}$ について生じるこのような事情は z^q については原点の近傍に限られる. 原点から有限の距離だけ離れた点では, 点をその近傍で動かしても値の一意性が崩れるなどということはない. 以上により, べき根の関数 $z^q = z^{m/n}$ は $z = 0$ では正則でないことがわかった[*1].

以上の例から, **複素関数の微分公式は実関数のそれと同じである**といえる.

2.2.3 Cauchy–Riemann の関係と逆関数定理

ある領域における正則関数とは, 考えている領域で微分可能な関数である. 実関数のときは微分可能性というのはそれほど強い条件とは思えなかっただろうが, 複素関数では $z \to z_0$ の近づけ方によらないということは非常に強い条件で, これ 1 つから種々の基本的性質が導かれる.

[*1] 有理数べき根 $z^{m/n}$ に留まらず無理数べきについてもまったく同じであるが, ここではまだ無理数べきの定義をしていない. あとで詳しく見るが, このような点 $z = 0$ を分岐点という.

a. **Cauchy–Riemann の関係**

正則関数であるための 1 つの必要十分条件を与えるのが，以下に見る Cauchy–Riemann の関係である．これを見ると正則関数というのがいかに強い条件になっているかがわかってくる．

定理 2.2（Cauchy–Riemann の関係） $f = u + \mathrm{i}v$ の実部および虚部が $z = z_0$ の近傍で x および y に関して連続 1 回微分可能であるとき，$f(z) = u + \mathrm{i}v$ が正則であるための必要十分条件は，

$$\frac{\partial u}{\partial x} = \frac{\partial v}{\partial y}, \qquad \frac{\partial u}{\partial y} = -\frac{\partial v}{\partial x} \tag{2.15}$$

を満たすことである．式 (2.15) を **Cauchy–Riemann**（コーシー–リーマン）の関係という．

（証明） Cauchy–Riemann の関係の証明は簡単である．基本は $z \to z_0$ の近づけ方によらないということであるから，$z + \Delta z$ を z に近づけるとき $\Delta z = \Delta x + \mathrm{i}\Delta y$ として

(1) $\Delta y = 0$, $\Delta x \to 0$
(2) $\Delta x = 0$, $\Delta y \to 0$

の 2 つの近づけ方で微分を考えてみよう．(1), (2) をそれぞれを書き下して

$$\begin{aligned}
f'(z) &= \lim_{\Delta x \to 0} \left[\frac{u(x+\Delta x, y) - u(x,y)}{\Delta x} + \mathrm{i}\frac{v(x+\Delta x, y) - v(x,y)}{\Delta x} \right] \\
&= \frac{\partial u}{\partial x} + \mathrm{i}\frac{\partial v}{\partial x}
\end{aligned} \tag{2.16a}$$

$$\begin{aligned}
f'(z) &= \lim_{\Delta y \to 0} \left[\frac{u(x, y+\Delta y) - u(x,y)}{\mathrm{i}\Delta y} + \mathrm{i}\frac{v(x, y+\Delta y) - v(x,y)}{\mathrm{i}\Delta y} \right] \\
&= -\mathrm{i}\frac{\partial u}{\partial y} + \frac{\partial v}{\partial y}
\end{aligned} \tag{2.16b}$$

となる．この両式の最後の項で実部，虚部を比較して

$$\frac{\partial u}{\partial x} = \frac{\partial v}{\partial y}, \qquad \frac{\partial u}{\partial y} = -\frac{\partial v}{\partial x}$$

を得る．これで必要条件が示された．

次に十分条件を考える．偏微分係数 u_x, u_y, v_x, v_y が連続で式 (2.15) を満足するとする．このとき偏微分の定義より

$$u = u_0 + a\Delta x + b\Delta y + \varepsilon\sqrt{(\Delta x)^2 + (\Delta y)^2}$$
$$v = v_0 - b\Delta x + a\Delta y + \varepsilon'\sqrt{(\Delta x)^2 + (\Delta y)^2}$$

である．$\varepsilon, \varepsilon'$ は $|\Delta z| \to 0$ のとき 0 となる．$f = u + iv$ より

$$f = f_0 + (a - ib)\Delta z + \varepsilon''\sqrt{(\Delta x)^2 + (\Delta y)^2}$$

ただし $|\Delta z| \to 0$ のとき $\varepsilon'' \to 0$ となる．$f_0 = u_0 + iv_0$ は z_0 における f の値である．これから

$$f' = a - ib$$

であり，微分が存在する．これで十分条件も示された． ∎

上の条件は実は少し厳し過ぎる．条件をもう少し緩めて，「$f = u + iv$ が正則であるための必要十分条件は，u, v が全微分可能 (したがって偏微分可能) かつ Cauchy–Riemann の関係が成り立つことである」としてもよい[*2]．ここでは条件を厳しくしておいた方が証明は容易であるし，実際上支障がないのでそのようにしておく．

以下で，簡単な例を見よう．

例 2.5 複素平面上原点から有限な距離にあるどの点においても微分可能である正則関数 $f(z) = z^2$ の実部と虚部はそれぞれ $u(x,y) = x^2 - y^2$，$v(x,y) = 2xy$ である．この u, v は Cauchy–Riemann の関係 (2.15) を満足する． ◁

7.2 節の Goursat の定理で示すように，正則関数は実は無限回連続微分可能である．すなわち正則関数の実部 u 虚部 v はそれぞれ x, y で無限回連続微分可能となる．このことを証明する準備は整っていないので，そのまま認めることにしよう．Cauchy–Riemann の関係 (2.15) をもう 1 度 x および y で微分すると

$$\frac{\partial^2 u}{\partial x^2} = \frac{\partial^2 v}{\partial x \partial y}, \qquad \frac{\partial^2 u}{\partial y^2} = -\frac{\partial^2 v}{\partial x \partial y}$$

[*2] $u(x,y)$ が (x,y) で全微分可能であるとは，$\Delta u \equiv u(x + \Delta x, y + \Delta y) - u(x,y) = a\Delta x + b\Delta y + \varepsilon\sqrt{(\Delta x)^2 + (\Delta y)^2}$ と書け，a, b は $\Delta x, \Delta y$ に関係せず，かつ $(\Delta x)^2 + (\Delta y)^2 \to 0$ のとき $\varepsilon \to 0$ となることをいう．

となり，これらの両辺を足すと

$$\frac{\partial^2 u}{\partial x^2} + \frac{\partial^2 u}{\partial y^2} = 0 \tag{2.17}$$

を得る．同様に $v(x,y)$ についても

$$\frac{\partial^2 v}{\partial x^2} + \frac{\partial^2 v}{\partial y^2} = 0 \tag{2.18}$$

となる．これらの式 (2.17), (2.18) を(2 次元) **Laplace**（ラプラス）**方程式**という．一般に n 次元 Laplace 方程式の解を**調和関数**という．

Cauchy–Riemann の関係によれば，正則関数の実部または虚部の一方を定めれば，他方は定数項を除いて定まる．(2 次元)調和関数という観点からいえば，1 つの調和関数 $u(x,y)$ が決まれば，それと組になって正則関数 $f(z) = u + \mathrm{i}v$ をつくるもう 1 つの調和関数 $v(x,y)$ が Cauchy–Riemann の関係により決まる．u, v をそれぞれ他方に対して**共役な調和関数**とよぶことがある．

例 2.6 正則関数 $f(z) = u + \mathrm{i}v$ の実部が $u(x,y) = x^2 - y^2$ であるとする．

$$\Delta u = \left(\frac{\partial^2}{\partial x^2} + \frac{\partial^2}{\partial y^2}\right)u = 2 - 2 = 0$$

であるから u は調和関数であることが確かめられる．u を実部とする正則関数の虚部 v は Cauchy–Riemann の関係から

$$\frac{\partial v}{\partial x} = -\frac{\partial u}{\partial y} = 2y, \qquad \frac{\partial v}{\partial y} = \frac{\partial u}{\partial x} = 2x$$

を満足しなくてはならない．これを積分すれば

$$v(x,y) = \int^x \mathrm{d}x (2y) = 2xy + \phi(y)$$
$$= \int^y \mathrm{d}y (2x) = 2xy + \psi(x)$$

と求められる．これから $\phi(y) = \psi(x) =$ 定数となる．よって定数を除いて $f(z) = (x^2 - y^2) + \mathrm{i}2xy = z^2$ と定まる． ◁

b. 逆 関 数 定 理

Cauchy–Riemann の関係と合成関数の微分公式から次の**逆関数定理**が導かれる.

定理 2.3（逆関数定理） $f(z)$ が $z = z_0$ で正則で $f'(z_0) \neq 0$ とする．このとき $z = z_0$ の近傍で $w = f(z)$ の逆関数 $z = g(w)$ が存在する．逆関数の微分については

$$\frac{\mathrm{d}f}{\mathrm{d}z} = \frac{1}{\dfrac{\mathrm{d}g}{\mathrm{d}w}} \tag{2.19}$$

が成り立つ.

（証明） 証明は 2 段階で行う．第 1 は逆関数の存在，第 2 はその微分公式の適用である．2 変数 x, y の関数 $f = u + \mathrm{i}v$

$$u = u(x, y), \qquad v = v(x, y) \tag{2.20}$$

を考える．関数行列式 (ヤコビアン)

$$\frac{D(u,v)}{D(x,y)} = \begin{vmatrix} \dfrac{\partial u}{\partial x} & \dfrac{\partial u}{\partial y} \\ \dfrac{\partial v}{\partial x} & \dfrac{\partial v}{\partial y} \end{vmatrix} = J \tag{2.21}$$

が 0 でないとき $(J \neq 0)$, 上の関係の逆写像

$$x = x(u, v), \qquad y = y(u, v) \tag{2.22}$$

が一意的に定まる．したがって正則関数 $f(z)$ の逆関数が存在する．関数行列式は Cauchy–Riemann の関係を用いて

$$J = \begin{vmatrix} \dfrac{\partial u}{\partial x} & \dfrac{\partial u}{\partial y} \\ \dfrac{\partial v}{\partial x} & \dfrac{\partial v}{\partial y} \end{vmatrix} = u_x v_y - u_y v_x = u_x{}^2 + v_x{}^2 = |f'(z)|^2$$

となるから $f'(z) \neq 0$ が必要十分条件となる．これで第 1 段階は終わった.

第 2 段階は $f(z)$ と逆関数 $g(w)$ との関係

$$w = f(g(w))$$

に対して合成関数の微分公式を適用すると

$$1 = \frac{dw}{dw} = \frac{df}{dz}\frac{dg}{dw} \tag{2.23}$$

となり，求める式 (2.19) が得られる． ∎

2.2.4 z による偏微分と $\bar{z}$ による偏微分

複素数 z による微分を定義し，それから導かれる性質を議論してきた．ここでは少し変わった見方をしてみよう．

独立変数 x, y を考えて，次の変数変換により $z, \bar{z}$ を導入する．

$$z = x + iy \tag{2.24a}$$
$$\bar{z} = x - iy \tag{2.24b}$$

このようにして z と $\bar{z}$ を独立と考えると，いろいろ便利なことがある．式 (2.24) は逆に

$$x = \frac{1}{2}(z + \bar{z}) \tag{2.25a}$$
$$y = \frac{1}{2i}(z - \bar{z}) \tag{2.25b}$$

であるから z および $\bar{z}$ による "偏" 微分は

$$\frac{\partial}{\partial z} = \frac{1}{2}\left(\frac{\partial}{\partial x} - i\frac{\partial}{\partial y}\right) \tag{2.26a}$$
$$\frac{\partial}{\partial \bar{z}} = \frac{1}{2}\left(\frac{\partial}{\partial x} + i\frac{\partial}{\partial y}\right) \tag{2.26b}$$

である．ここでいう "偏" 微分は，本当の意味での偏微分ではなく，むしろ式 (2.26) の右辺の微分が左辺の定義であると理解するのが正しい．

2.1 節で「$\bar{z}$ を用いないと表せない関数はわれわれの議論の中心ではない」と述べた．この意味を考えてみよう．

例 2.7 領域 D において $f(z)$ が正則であることと，式 (2.26) で定義された "偏" 微分の意味での $\dfrac{\partial}{\partial \bar{z}}f = 0$ は同値である．

このことを示そう．$f = u + iv$ と書くと，$\dfrac{\partial}{\partial \bar{z}} f = 0$ は

$$\begin{aligned}
\frac{\partial}{\partial \bar{z}} f &= \frac{1}{2}\left(\frac{\partial}{\partial x} + i\frac{\partial}{\partial y}\right)(u+iv) \\
&= \frac{1}{2}\left(\frac{\partial u}{\partial x} - \frac{\partial v}{\partial y}\right) + \frac{i}{2}\left(\frac{\partial u}{\partial y} + \frac{\partial v}{\partial x}\right) \\
&= 0
\end{aligned} \tag{2.27}$$

と書き直される．この実部，虚部を見ると，これは Cauchy–Riemann の関係にほかならない．またこの式を逆になぞれば，Cauchy–Riemann の関係が成り立つと，$\dfrac{\partial}{\partial \bar{z}} f = 0$ が成立することになる．すなわち正則関数では $\dfrac{\partial}{\partial \bar{z}} f = 0$ が成立することが示された．以上のことが，「$\bar{z}$ を用いないと表されない x, y の関数は議論の主題ではない」ということの具体的な意味である． ◁

3 初 等 関 数

本章ではべき級数およびいくつかの初等関数について議論しよう．最初に，複素平面上で原点から無限大の距離にある点 (無限遠点) を定義する．こうすることにより，べき級数の収束性をきわめて一般的に議論できるようになる．べき級数の収束領域については「収束半径」という概念を導入する．指数関数，三角関数および対数関数，一般のべき関数についても本章でまとめて議論する．対数関数，指数関数の性質，特に多価性について理解するために，新たに Riemann 面という概念を導入する．

3.1 無 限 遠 点

これまでは複素 z 平面上の点を考えるとき，それはいつでも原点から有限の距離にあるとしてきた．しかし，$w(z) = 1/z$ という写像を考えるとき，$z \neq 0$ の点には困難はないが $z = 0$ だけは特別扱いをしなくてはならない．

$w = 1/z$ を考えたとき $z = 0$ を除いた複素 z 平面上の点と $w = 0$ を除いた複素 w 平面上の点はすべて 1 対 1 に対応する．これを拡張して $w = 1/z$ によって $z = 0$ が写像されるべき点を定義し，あるいは $w = 0$ に写像されるべき z 平面上の点を定義して，複素 z 平面上の点と複素 w 平面上の点がすべて 1 対 1 に対応するとした方が便利である．複素数 $z = 0$ は絶対値が 0 で偏角は不定である．そこで $w = 1/z$ によって $z = 0$ が対応する点は絶対値無限大，偏角不定と考えるべきであろう．

定義 3.1（無限遠点）

$$\lim_{z \to 0} \frac{1}{z} \tag{3.1}$$

によって写像される点を導入する．この新しい点を**無限遠点**とよび，記号として ∞ と書く．無限遠点は絶対値無限大，偏角不定である．

もう少し具体的に考えてみよう．図 3.1 のように，3 次元空間 (ξ, η, ζ) において ξ–η 平面を複素 z 平面 (x, y) と同一視する．ξ–η 平面の原点 O に球面上の点 S

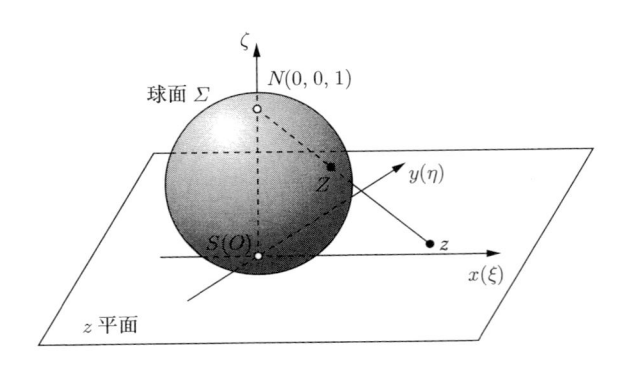

図 3.1　Riemann 球面と無限遠点

で接して半径 $1/2$ の球面 Σ を置き，その中心に関して S に対称な球面上の点を $N(0,0,1)$ とする．N と平面上の点 z を結ぶ線分が球面 Σ と交わる点を Z とすると，$Z = N$ である場合を除いて，z 平面上の点 z と球面上の点 Z は 1 対 1 で対応する．複素 z 平面にさらに 1 点を付け加えてその点と N を対応させると，複素 z 平面と球面 Σ は完全に 1 対 1 で対応することとなる．複素 z 平面に付け加えた (N に対応する) 新しい 1 点が**無限遠点**である．

先ほどのように複素平面上の点 z と N を結ぶ線分を描いて z を原点 O から遠ざけると，Σ 上の点 Z は Σ 上を N に近づいていく．したがって z を O から無限の距離遠ざけたのが無限遠点であるということができる．原点から点 z をどの方向に遠ざけても，対応する点 Z は N に近づいていくから，原点から無限に離れた先は方向によらず 1 点と考える，すなわち偏角が不定である．これが「無限遠点は原点からの距離が無限大で偏角不定である点」という意味である．球面 Σ を **Riemann** (リーマン) **球面**といい，複素平面と Riemann 球面を対応させる写像を立体射影とよぶ．

複素 z 平面上の点 z について，ある正数 ε に対して $|z - z_0| < \varepsilon$ の領域を「点 z の ε 近傍」といってきた．これに対応して，任意の正数 R に対して複素 z 平面上の $|z| > R$ である領域を**無限遠点の近傍**という．

3.2 べき級数

3.2.1 べき級数の収束

領域 D で定義された関数列 $\{f_n(z)\}$ が関数 $f(z)$ に「収束」するということは，任意の正数 ε に対して，自然数 N を適当に選べば，$n \geq N$ であるすべての n に対して $|f_n(z) - f(z)| < \varepsilon$ が成立することを意味する．D に属するすべての z に対して，同じ ε，同じ N でこれが成立するとき「**一様収束する**」という．

無限級数 $G(z) = g_1(z) + g_2(z) + \cdots + g_n(z) + \cdots$ の収束，一様収束については，部分和 $s_n(z) = g_1(z) + g_2(z) + \cdots + g_n(z)$ がつくる関数列 $\{s_n(z)\}$ の収束，一様収束と同じ意味であるとする．

級数
$$f(z) = a_0 + a_1(z-z_0) + a_2(z-z_0)^2 + \cdots + a_n(z-z_0)^n + \cdots \tag{3.2}$$

を z_0 のまわりの**べき級数**という．以下では議論の煩雑さを避けるために $z_0 = 0$ の場合すなわち原点のまわりのべき級数を考えるが，これは何ら一般性を失うものではない．z を $z' = z - z_0$ に置き換えることにより容易に任意の点 $z = z_0$ のまわりのべき級数に移すことができるからである．べき級数の収束発散に関しては次の定理が成り立つ．

定理 3.1 級数
$$f(z) = a_0 + a_1 z + a_2 z^2 + \cdots + a_n z^n + \cdots \tag{3.3}$$

が $z = z_0$ で収束するならば，$|z| < |z_0|$ である各点で級数 (3.3) は絶対収束する．また原点 $z = 0$ を中心として原点と z_0 の距離 $|z_0|$ より小さい任意の値 ρ を半径とする円で級数 (3.3) は一様収束する (**広義一様収束**)[*1]．

(**証明**) 級数が $z = z_0$ で収束するならば，定理 1.6 より
$$\lim_{n \to \infty} a_n z_0{}^n = 0$$

[*1] 「領域 D で広義一様収束する」とは領域 D では一様収束しないが，領域 D に含まれる任意の閉領域で一様収束することを意味する．

である.すなわち任意の正の数 M に対して,適当な自然数 N を選んで,$n > N$ であるすべての n に対して

$$|a_n z_0{}^n| < M$$

とすることができる.そのような n に対して

$$|a_n z^n| = |a_n z_0{}^n| \cdot \left|\frac{z}{z_0}\right|^n < M \left|\frac{z}{z_0}\right|^n$$

である.$\sum |z/z_0|^n$ は等比級数で $|z/z_0| < 1$ であるすべての z に対して収束する.したがって級数 (3.3) は $|z/z_0| < 1$ で絶対収束する.

次に原点を中心とする半径 ρ ($\rho < |z_0|$) の円を考えると,この円内のすべての点 z で

$$|a_n z^n| \leq |a_n|\rho^n = |a_n z_0{}^n| \left(\frac{\rho}{|z_0|}\right)^n < M \left(\frac{\rho}{|z_0|}\right)^n$$

である.級数 $\sum M(\rho/|z_0|)^n$ は (z に無関係に) 収束するから,$\sum |a_n z^n|$ は一様かつ絶対収束である.すなわち,級数は半径 ρ の円領域で一様収束する. ∎

例 3.1 x を実数として,級数

$$1 + x + x^2 + \cdots + x^n + \cdots$$

は $|x| < 1$ ならば,$1/(1-x)$ に収束する.したがって

$$1 + z + z^2 + \cdots + z^n + \cdots$$

は $|z| < 1$ で絶対収束する.このとき,この級数は $1/(1-z)$ に等しい. ◁

3.2.2 収束半径

定義 3.2（収束円と収束半径） 定理 3.1 により,複素平面上で $\sum c_n z^n$ がその内部のすべての点で絶対収束し,外部のすべての点で発散する円が存在する.この円を**収束円**,収束円の半径を**収束半径**という.

注意 3.1 定理 3.1 では収束円上の各点で級数の収束・発散がどうなるかは何も述べていないことに注意しなくてはならない.実際,収束円上のある点で収束し,

他の点では発散したり，あるいは収束円上のすべての点で発散したり，などいろいろな場合がある． ◁

収束半径は次の方法によって決めることができる．

定理 3.2 [Cauchy–Hadamard (コーシー–アダマール) **の定理]** べき級数 $\sum a_n z^n$ の収束半径 r は

$$\frac{1}{r} = \varlimsup_{n\to\infty} \sqrt[n]{|a_n|} \tag{3.4}$$

である[*2]．ただし式 (3.4) の右辺が無限大 (∞) のときは収束半径 (r) が 0，右辺が 0 のときは収束半径が無限大であると解釈する．

(証明) $|z| < r$ ならば $|z| < \rho < r$ である ρ を選ぶことができる．この ρ を考えると

$$\frac{1}{\rho} > \frac{1}{r} = \varlimsup_{n\to\infty} |a_n|^{1/n}$$

であるから，上極限の定義から十分大きな n_0 を考えれば，$n > n_0$ であるすべての n に対して

$$|a_n|^{1/n} < \frac{1}{\rho}$$

となる．すなわち

$$|a_n z^n| < \frac{|z^n|}{\rho^n} \qquad (n > n_0)$$

$|z| < \rho$ であるから級数 $\sum (|z^n|/\rho)^n$ は収束する．したがって $\sum a_n z^n$ は絶対収束する．

逆に $|z| > r$ ならば

$$\frac{1}{|z|} < \frac{1}{r} = \varlimsup_{n\to\infty} |a_n|^{1/n}$$

であるから，部分列 $\{a_{n_i}\}$ を適当に選べば

$$\frac{1}{|z|} < |a_{n_i}|^{1/n_i}$$

[*2] 実数列 $\{x_n\}$ において，点 X に任意に近いところに無限個の点があるとき，この点 X を**集積点**という．言い換えれば，実数列 $\{x_n\}$ の適当な部分列 $\{x_{n_j}\}$ の収束値が集積点である．集積点の値の集合の上限を記号 $\varlimsup_{n\to\infty} x_n$ あるいは $\limsup x_n$ で表し，**上極限**という．したがって上極限より有限の値だけ大きな値をとる点 x_n はたかだか有限個である．また集積点の値の下限を記号 $\varliminf_{n\to\infty} x_n$ あるいは $\liminf_{n\to\infty} x_n$ で表し，**下極限**という．これらの定義から，$\{x_n\}$ の極限値が存在するということは上極限と下極限が存在してかつ一致していることを意味する．

とすることができる．すなわち

$$|a_{n_i} z^{n_i}| > 1$$

であるような項が無限個ある．したがって $\sum a_n z^n$ は収束しない． ■

　実際に収束半径を決めるときには，上の Cauchy–Hadamard の定理は必ずしも使いやすいものではない．多くの場合に有効に用いられる方法として次の定理がある．

定理 3.3 べき級数 $\sum a_n z^n$ について，極限

$$r = \lim_{n \to \infty} \left| \frac{a_n}{a_{n+1}} \right| \tag{3.5}$$

が存在すれば，r が収束半径である．

(証明) 極限

$$r = \lim_{n \to \infty} \left| \frac{a_n}{a_{n+1}} \right|$$

が存在すれば

$$\overline{\lim_{n \to \infty}} \left| \frac{a_n}{a_{n+1}} \right| = \underline{\lim_{n \to \infty}} \left| \frac{a_n}{a_{n+1}} \right| = \lim_{n \to \infty} \left| \frac{a_n}{a_{n+1}} \right| = r$$

である．したがって各項を $u_n = a_n z^n$ とおくと

$$\lim_{n \to \infty} \left| \frac{u_{n+1}}{u_n} \right| = \lim_{n \to \infty} \left| \frac{a_{n+1} z^{n+1}}{a_n z^n} \right| = |z| \lim_{n \to \infty} \left| \frac{a_{n+1}}{a_n} \right| = \frac{|z|}{r}$$

はじめの有限項を除いて級数 $\sum |u_n|$ は，$|z|/r < 1$ なら公比 < 1，$|z|/r > 1$ なら公比 > 1 の等比級数となる．以上により，$|z| < r$ で $\sum u_n$ は絶対収束するから収束する．また $|z| > r$ では $\lim_{n \to \infty} u_n \neq 0$ であるから $\sum u_n$ は発散する． ■

例 3.2（収束級数の項別微分） 級数 $\sum_{n=1}^{\infty} a_n z^n$ の収束半径が r であるならば，$\sum_{n=1}^{\infty} n a_n z^{n-1}$ の収束半径も r である．

(証明) $|z| < r$ の場合に $|z| < r_1 < r$ である正数 r_1 をとることができる．級数 $\sum_{n=1}^{\infty} a_n z^n$ が収束するならば，$|a_n r_1^n| < M$ (有界) である数 M が存在する．よって，$|a_n| < M r_1^{-n}$．したがって

$$\sum_{n=1}^{\infty} n|a_n||z|^{n-1} < \frac{M}{|z|} \sum_{n=1}^{\infty} n \frac{|z|^n}{r_1^n}$$

となる．定理 3.3 により $\sum n z^n / r_1^n$ は $|z|/r_1 < 1$ で収束するから，上の級数 $\sum n|a_n||z|^{n-1}$ も $|z|/r_1 < 1$ で収束する．よって $r_1 < r$ であるから級数 $\sum_{n=1}^{\infty} n|a_n||z|^{n-1}$ は $|z|/r < 1$ で収束する．

次に $|z| > r$ の場合には $n|a_n||z|^{n-1} > |a_n||z|^n(1/|z|)$ であるから $\sum_{n=1}^{\infty} a_n z^n$ が発散すれば $\sum_{n=1}^{\infty} n a_n z^{n-1}$ も発散する ($\lim_{n\to\infty}(n|a_n|)^{1/n} = \lim_{n\to\infty}|a_n|^{1/n}$)．■

◁

例 3.3（収束級数の項別積分） 級数 $\sum_{n=1}^{\infty} a_n z^n$ の収束半径が r であるならば，$\sum_{n=1}^{\infty} a_n z^{n+1}/(n+1)$ の収束半径も r である．このことは上の例にならって簡単に示すことができる．複素関数の積分はまだ定義していないが，後で述べるように z^n の積分は $z^{n+1}/(n+1)$ である．したがってこの例は収束級数の積分に関して項別積分が可能であることを述べている．

◁

3.3　指数関数，三角関数，双曲線関数

3.3.1　指　数　関　数

指数関数は 1.2.3 項ですでに示したが，ここでは指数関数の微分，関連する関数を議論し，次の対数関数の議論に備える．

定義 3.3（指数関数） 指数関数 $w(z) = \exp z$ はべき級数

$$\exp z = \sum_{n=0}^{\infty} \frac{z^n}{n!} \tag{3.6}$$

によって定義される*3．

$$\frac{(n+1)!}{n!} \to \infty \quad (n \to \infty)$$

であるから，定理 3.2 より，指数関数の収束半径は無限大である．実際 $z = \infty$ を除き複素 z 平面上すべての点で正則である．

指数関数の微分：上の級数を項別微分して

$$\frac{\mathrm{d}}{\mathrm{d}z} \exp z = \exp z \tag{3.7}$$

である．これが指数関数の微分規則である．

指数関数の大切な性質の 1 つに指数法則がある．

指数法則：$\exp(z_1 + z_2) = \exp z_1 \cdot \exp z_2$

これはすでに例 1.8 において，定義 3.3 を用いて証明した．

またべき級数の定義からただちに Euler の公式

$$\exp \mathrm{i}x = \cos x + \mathrm{i} \sin x \tag{3.8}$$

が導かれる．これから次の式も導かれる．

$$\exp z = \mathrm{e}^x (\cos y + \mathrm{i} \sin y)$$

指数関数は z に関し周期 $2\pi\mathrm{i}$ の関数であることも明らかである．

$$\exp(z + 2m\pi\mathrm{i}) = \exp z$$

3.3.2 三角関数，双曲線関数

複素数に拡張された指数関数により三角関数も複素数の領域に簡単に拡張される．Euler の公式 (1.31)

$$\mathrm{e}^{\mathrm{i}\theta} = \cos \theta + \mathrm{i} \sin \theta$$

に対して複素共役な式

$$\mathrm{e}^{-\mathrm{i}\theta} = \cos \theta - \mathrm{i} \sin \theta$$

[*3] $\exp z$ はふつう e^z と書く．一方，3.5.1 項で定義する一般のべき関数 a^z (a は複素数) の定義に従えば，e^z はここで定義した $\exp z$ とは関数の多価性において異なる．詳細は 46 ページ以降を参照せよ．

を組み合わせると

$$\sin x = \frac{e^{ix} - e^{-ix}}{2i}, \qquad \cos x = \frac{e^{ix} + e^{-ix}}{2}$$

が得られる．

実数 x に関して成り立つ上の式が複素数 z についても成り立つように，次のように複素数の指数関数を定義する．

定義 3.4（三角関数） 正弦関数，余弦関数を次式で定義する．

$$\sin z = \frac{e^{iz} - e^{-iz}}{2i} \tag{3.9a}$$

$$\cos z = \frac{e^{iz} + e^{-iz}}{2} \tag{3.9b}$$

これらは指数関数によって定義されたから，その性質も指数関数から容易に知ることができる．たとえばこれらの関数について，値が 0 になる点 (零点) は z の実軸上の点でだけであること，特異点は無限遠点のみであることなどが知られる．

Euler の公式，加法定理：複素数の三角関数では，Euler の公式，三角関数の加法定理，その他の関係もそのまま成り立っている．

$$e^{iz} = \cos z + i \sin z \qquad \text{(Euler の公式)} \tag{3.10a}$$

$$\sin(z_1 + z_2) = \sin z_1 \cos z_2 + \cos z_1 \sin z_2 \qquad \text{(加法定理 1)} \tag{3.10b}$$

$$\cos(z_1 + z_2) = \cos z_1 \cos z_2 - \sin z_1 \sin z_2 \qquad \text{(加法定理 2)} \tag{3.10c}$$

$$\sin^2 z + \cos^2 z = 1 \tag{3.10d}$$

証明は簡単であるので読者各自で試みられたい．

三角関数と密接な関係があるのが以下で定義する双曲線関数である．

定義 3.5（双曲線関数） 次の関数

$$\sinh z = \frac{e^z - e^{-z}}{2} \tag{3.11a}$$

$$\cosh z = \frac{e^z + e^{-z}}{2} \tag{3.11b}$$

はそれぞれ双曲線正弦関数 (ハイパボリックサイン)，双曲線余弦関数 (ハイパボリックコサイン) とよび，零点は虚軸上にのみある．特異点は無限遠点のみである．

42　　　3　初　等　関　数

　三角関数と双曲線関数は z と $\mathrm{i}z$ の置き換えで互いに入れ替わる．これは三角関数，双曲線関数の定義からすぐに示される．

$$\cos z = \cosh(\mathrm{i}z), \qquad \cos(\mathrm{i}z) = \cosh z \tag{3.12a}$$
$$\mathrm{i}\sin z = \sinh(\mathrm{i}z), \qquad \sin(\mathrm{i}z) = \mathrm{i}\sinh z \tag{3.12b}$$

双曲線関数の加法定理，その他：双曲線関数の加法定理，その他の関係は次のとおりである．

$$\sinh(z_1 + z_2) = \sinh z_1 \cosh z_2 + \cosh z_1 \sinh z_2 \tag{3.13a}$$
$$\cosh(z_1 + z_2) = \cosh z_1 \cosh z_2 + \sinh z_1 \sinh z_2 \tag{3.13b}$$
$$\cosh^2 z - \sinh^2 z = 1 \tag{3.13c}$$

これらについても定義からすぐに示すことができるので，読者にまかせよう．

3.4　対　数　関　数

　実数の範囲では対数関数 $\log x$ の変数 x は正の実数でなくてはならない．自然対数の底，Napier 数 $\mathrm{e} = 2.71828\cdots$ の実数べき乗の逆関数として定義されていたからである．ここでは複素数を変数とする対数関数を考える．対数関数は指数関数の逆関数として定義される．対数関数の多価性に関する理解ができれば，複素関数論の主要な部分の 1 つについての理解が完成する．

3.4.1　対数関数の定義と主値

定義 3.6（対数関数） 対数関数は指数関数 exp の逆関数として定義される．

$$w = \log z \iff z = \exp w \tag{3.14}$$

極表示 $z = r\mathrm{e}^{\mathrm{i}\theta} = \mathrm{e}^{\ln r}\mathrm{e}^{\mathrm{i}\theta}$ を用い，$\mathrm{e}^{\mathrm{i}\theta} = \mathrm{e}^{\mathrm{i}(\theta + 2n\pi)}$ (n は整数) に注意すると[*4]

$$z = \mathrm{e}^{\ln r}\mathrm{e}^{\mathrm{i}(\theta + 2n\pi)} = \mathrm{e}^w = \mathrm{e}^{\log z}$$

[*4] 本書では，複素数を変数とする対数関数 log と区別して，e を底として実数を変数とし実数値を与える対数関数を ln と書く．$\ln x$ は実数 x を変数とする 1 価関数である．

3.4 対数関数

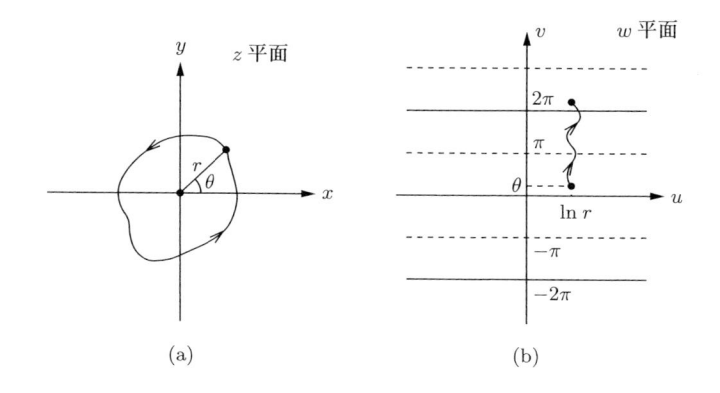

図 3.2 対数関数. (a) 複素 z 平面上で z が原点のまわりを 1 周すると，(b) 複素 w 平面で $w = \log z$ は値を $2\pi\mathrm{i}$ だけ変える．

であるから，
$$\log z = \ln r + \mathrm{i}(\theta + 2n\pi) = \ln|z| + \mathrm{i}(\mathrm{Arg}\, z + 2n\pi) \tag{3.15}$$
が得られる．式 (3.15) が対数関数の定義である．

式 (3.15) において n は 0 または正または負の整数であるから，関数値は n がとりうる値だけの無限個の異なる値をとり，したがって対数関数 $\log z$ は無限多価関数である．
$$z = \mathrm{e}^{\log z}$$
という書き方もしばしば役に立つ．

図 3.2 に示すように，変数 z が原点のまわりを 1 周すると，その偏角は 2π だけ増加 (反時計回り) または減少 (時計回り) する．このとき対数関数 $\log z$ は $2\pi\mathrm{i}$ だけ値が変わる．すなわち，複素 z 平面上で点 z が反時計回り (時計回り) に原点のまわりを 1 周するとき，$\log z$ は複素平面上を虚軸に平行に，正の方向 (負の方向) に動く．z 平面上の閉じた曲線上を z が動くとき，その曲線の囲む領域の内側に原点があれば z の偏角はもとに戻らず，$+2\pi$ または -2π だけ変化しているので $\log z$ が動く曲線は閉じたものとはならず，$\pm 2\pi\mathrm{i}$ だけ動いている．一方，z 平面上の閉じた曲線が原点を取り囲んでいなければ，z がもとの点に戻ったとき $\log z$ ももとに戻る．したがって $\log z$ の軌跡は閉曲線を描く．この意味で対数関数の多価

性の鍵は複素 z 平面上の原点 (z の軌跡が原点 $z=0$ を回るか否か) にある．ここ ($z=0$) で z の偏角が不定になるからである．この場合における原点のように多価関数の源になる点を**分岐点**とよぶ．特に対数関数の分岐点を**対数的分岐点**という．

対数関数の値を一意的に定めるためには，以下に述べる主値を定義する必要がある．

定義 3.7（対数関数の主値） 対数関数の虚部を $-\pi$ から π に限ったものを対数関数の主値といい，Log と書く．

$$\mathrm{Log}\, z = \ln|z| + \mathrm{i}\theta = \ln|z| + \mathrm{i}\,\mathrm{Arg}\, z \qquad (\theta = \mathrm{Arg}\, z\ :\ -\pi < \theta \leq \pi) \tag{3.16}$$

したがって

$$\log z = \mathrm{Log}\, z + 2n\pi \mathrm{i}$$

である．対数関数に関しては次の加法定理が成り立つ．

$$\log z_1 z_2 = \log z_1 + \log z_2 \tag{3.17}$$

これについても arg について 1.2.2 項で述べたと同じように，両辺の示す無限個の複素数が集合として等しい，言い換えると多価関数として両辺が一致しているということである．関数値を問題にするなら $2n\pi$ ($n=0,\ \pm 1,\ \pm 2,\cdots$) だけの差がある．

対数関数の微分公式：

$$\frac{\mathrm{d}}{\mathrm{d}z}\log z = \frac{1}{z} \tag{3.18}$$

この微分公式の証明は簡単である．$z = \exp(\log z)$ の両辺を z で微分し

$$1 = \frac{\mathrm{d}\log z}{\mathrm{d}z}\frac{\mathrm{d}e^{\log z}}{\mathrm{d}\log z} = \frac{\mathrm{d}\log z}{\mathrm{d}z}e^{\log z} = \frac{\mathrm{d}\log z}{\mathrm{d}z}z$$

となる．

3.4.2 対数関数の多価性と Riemann 面

対数関数は無限多価関数である．なんとかして z の 1 つの値に対して関数 $\log z$ の 1 つの値を対応させることができないだろうか．

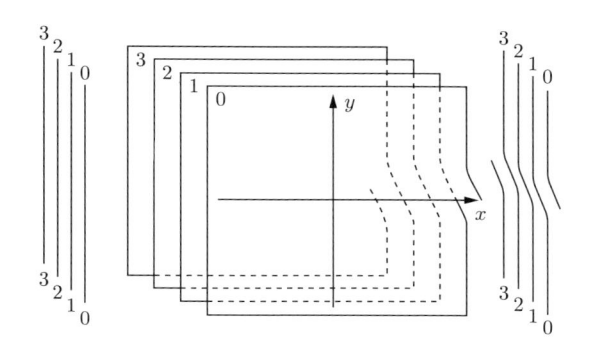

図 **3.3** 対数関数のための無限枚の Riemann 面．Riemann 面を左右からながめた様子を図の左右に示してある．

複素平面上の 1 つの z の値に対して無限個の $w = \log z$ の値が対応していて，その対応関係を一意的に定めることができないために次のような困難が発生していた．最初 z を定めたとき一緒に $\log z$ の値を定めておけば，その後の z の連続的な変化に対応して $w = \log z$ の値も連続的に変化し，したがって $w = \log z$ の値は一意的に定められる．しかし，この場合には，z が分岐点 ($z = 0$) のまわりを何周したのか常に記録しておかなくてはならない．

このような混乱を避けるために，関数 $\log z$ の値の組だけの z 平面を用意し，z 平面の 1 つずつに $\log z$ の値を対応させることを考えてみよう．つまり z が原点のまわりを回っていない場合には $n = 0$ の z 平面，原点のまわりを反時計回りに n 周したときの z 平面を $n \cdot z$ 平面 ($2n\pi \leq \arg z < 2(n+1)\pi$)，原点のまわりを時計回りに n 周したときの z 平面を $(-n) \cdot z$ 平面 ($-2n\pi \leq \arg z < -2(n-1)\pi$) という具合に $n = -\infty$ から $n = +\infty$ までの無限枚の z 平面を考える．これらを上手につなぎ合わせて，原点 $z = 0$ を回るたびに 1 つの z 平面から次の z 平面へと自然に移るようにしておく．こうすれば，z がどの z 平面にあるかが決まると関数 $\log z$ の値が決まる．関数の多価性を除くために，このように用意した z 平面を **Riemann** (リーマン) 面という．

対数関数 $\log z$ で $z = 1/\zeta$ と変数変換すると $\zeta = 0$ すなわち $z = \infty$ も (対数的) 分岐点になっていることがわかる．z 平面上で，$\log z$ の 2 つの分岐点 $z = 0, z = \infty$ の間 (たとえば実軸の右半分) に切込みを入れ，ここで $n \cdot z$ 平面の $\arg z = 2(n+1)\pi$ 部分と $(n+1) \cdot z$ 平面の $\arg z = 2(n+1)\pi$ 部分とをつなぎ合せる (図 3.3)．このよ

うにしておけば，無限枚の z 平面が必要ではあるが，z 平面上の 1 点と $w = \log z$ 平面上の 1 点が 1 対 1 対応し，かつ無限枚の z 平面が連続してつなぎ合わされる．

3.5 一般のべき関数と多価性

べき乗については，これまでは複素数 z の整数べき，および有理数べきを考えていた (1 章)．これからは任意の実数べきのみならず，複素数の複素数べきを定義する．

3.5.1 べき関数の定義

定義 3.8（一般のべき関数） a および b を複素数としてべき関数 a^b を

$$a^b = \exp(b \log a) = \exp[b(\ln |a| + i \arg a)] \tag{3.19}$$

と定義する[*5]．

$\arg a = \text{Arg}\, a + 2n\pi$ であるから上の定義より

$$a^b = \exp[b(\ln |a| + i\text{Arg}\, a + i2n\pi)] \tag{3.20}$$

である．$\exp b(i2n\pi)$ の部分に注目すれば b が整数ならば a^b は 1 価関数である．b が有理数 p/q であれば a^b は q 価関数である．b がそれ以外，無理数あるいは複素数であれば a^b は無限多価関数となる．a^b の多価性は $\log a$ あるいは $\arg a$ の多価性に起因している．

複素変数 z の関数 z^a は，a が整数でないとき，a の値により上記の多価性をもち，$z = 0$ が特異点 (分岐点) となる．a が有理数のとき $z = 0$ を z^a の **代数的分岐点**，a が無理数であるかあるいは実数でないとき **対数的分岐点**という．一方，

[*5] この定義に従えば，

$$e^z \equiv \exp(z \log e) = \exp[z(\ln e + i2n\pi)]$$
$$= \exp z(1 + i2n\pi) = \exp z \cdot \exp(i2n\pi z)$$

となる．したがって e^z と指数関数 $\exp z$ は異なる．しかし，e^z については一般に上で $n = 0$ のみをとり，

$$e^z \equiv \exp z$$

とする．

a^z は $\log a$ の (虚部の) 値を定めれば一意的に値が定まり，したがって 1 価関数である．

例 3.4 $\log z$ の値を一意的に定めておかない限り

$$z^a z^b = z^{a+b}, \qquad (z^a)^b = z^{ab}$$

などは成立するとは限らない． ◁

一般のべき関数に関する微分は合成関数の微分および指数関数の微分を用いて，次のように得られる．

べき関数の微分公式：

$$\frac{\mathrm{d}}{\mathrm{d}z} z^a = \frac{\mathrm{d}}{\mathrm{d}z} \mathrm{e}^{a \log z} = \frac{\mathrm{d} a \log z}{\mathrm{d}z} \mathrm{e}^{a \log z} = \frac{a}{z} z^a = a z^{a-1} \tag{3.21a}$$

$$\frac{\mathrm{d}}{\mathrm{d}z} a^z = \frac{\mathrm{d}}{\mathrm{d}z} \mathrm{e}^{z \log a} = \log a\, \mathrm{e}^{z \log a} = a^z \log a \tag{3.21b}$$

3.5.2　多価関数 $w = z^{1/n}$ の写像と Riemann 面

$w = z^{1/n}$ を考えよう．この関数は n 価関数であり，$z = 0$ が特異性を与える．すなわち $z = 0$ のまわりを 2π 回っても w はもとの値に戻らない (図 3.4 の周回路 C_a) が，原点から有限の距離にある $z = 0$ 以外の点のまわりを 2π 回るならば w はもとに戻る (図 3.4 の周回路 C_b)．$z = 0$ は代数的**分岐点**である．

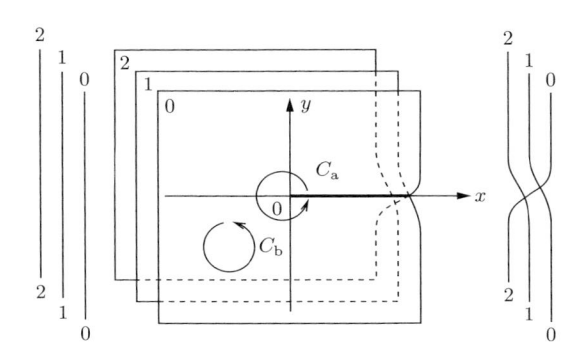

図 **3.4**　べき関数 $w = z^{1/3}$ の Riemann 面．$C_\mathrm{a}, C_\mathrm{b}$ については本文参照．

$w=z^{1/n}$ は n 価関数であるから $z=0$ のまわりを n 周すると関数 w の値はもとに戻る．複素 z 平面を n 枚用意してそれぞれを区別しよう．$0 \leq \arg z < 2\pi$, $2\pi \leq \arg z < 4\pi$, $4\pi \leq \arg z < 6\pi$ をそれぞれ $0 \leq \arg w < 2\pi/n$, $2\pi/n \leq \arg w < 4\pi/n$, $4\pi/n \leq \arg w < 6\pi/n$ に対応させる．このような z 平面を n 枚回れば，w 平面でもとの点に戻ると決めておく必要がある．$z=0$ 以外に $z=\infty$ も $w=z^{1/n}$ の分岐点であることに注意しておこう．確かに，$z=1/\zeta$ とおくと $w=\zeta^{-1/n}$ であるから $\zeta=0$, すなわち $z=\infty$ も $w=z^{1/n}$ の分岐点となっていることがわかる．

簡単のために，$w=z^{1/3}$ を考えよう．2 つの分岐点 $z=0$ と $z=\infty$ を結んだ任意の曲線を選んで複素 z 平面を切断する．いまは $z=0$ と $z=\infty$ を結ぶ直線，実軸上 $x \geq 0$ の部分を選ぼう．ここに切断を入れ，$\arg z = 2\pi - 0$ の部分 (0 枚目の z 平面の切断の下の部分) と $\arg z = 2\pi + 0$ の部分 (1 枚目の z 平面の切断の上の部分)，$\arg z = 4\pi - 0$ の部分 (1 枚目の z 平面の切断の下の部分) と $\arg z = 4\pi + 0$ の部分 (2 枚目の z 平面の切断の上の部分) を図 3.4 のようにつなぐ．さらに $\arg z = 6\pi - 0$ の部分 (2 枚目の z 平面の切断の下の部分) と $\arg z = 0+$ の部分 (0 枚目の z 平面の切断の上の部分) をつなぐ．最後の連結では実際には他の面を貫いてしまうが，われわれは頭の中だけで考えておけばよいので，そのような心配はしない．図 3.4 のように，3 つの z 平面を 1 つにつないだものが完成し，z と w が 1 対 1 で対応するようにできる．

3.6 無限乗積

3.6.1 無限乗積の定義と収束・発散

定義 3.9 無限数列 $\{u_n\}$ から無限項の積 $\prod_{n=1}^{\infty}(1+u_n)$ をつくることを考える．

$$(1+u_1)(1+u_2)(1+u_3)\cdots(1+u_n)\cdots = \prod_{n=1}^{\infty}(1+u_n) \tag{3.22}$$

を**無限乗積** (または**無限積**) という．ここでは $(1+u_n)$ のどれ 1 つも 0 にならず，また式 (3.22) の極限値も 0 ではないとする．

定義 3.10（無限乗積の収束・発散） 無限乗積 (3.22) が 0 でない有限の確定値を

とるとき，収束するという．これが収束しない (すなわち有限確定値をとらない，あるいは値が ∞ または 0 となる) とき，発散するという．

定義 3.11 (無限乗積の絶対収束) 無限級数 $\sum_{n=1}^{\infty} \mathrm{Log}\,(1+u_n)$ が絶対収束するとき無限乗積 (3.22) は絶対収束するという．

定理 3.4 無限乗積 $\prod_{n=1}^{\infty}(1+u_n)$ が収束するための必要十分条件は，$\sum_{n=1}^{\infty} \mathrm{Log}\,(1+u_n)$ が収束することである．

(証明) 無限数乗積 (3.22) の部分積 p_N を考える．

$$p_N = \prod_{n=1}^{N}(1+u_n) = \exp\left[\sum_{n=1}^{N} \mathrm{Log}\,(1+u_n)\right] \tag{3.23}$$

ここで，対数関数は主値をとるとする．指数関数の極限値のとり方に関しては，任意の数列 $\{u_n\}$ について $\lim_{n\to\infty} u_n$ が存在すれば指数関数の連続性により $\exp\left(\lim_{n\to\infty} u_n\right) = \lim_{n\to\infty} \exp u_n$ であるから，式 (3.23) で $N \to \infty$ とし，

$$\lim_{N\to\infty} p_N = \prod_{n=1}^{\infty}(1+u_n) = \exp\left[\sum_{n=1}^{\infty} \mathrm{Log}\,(1+u_n)\right] \tag{3.24}$$

を得る．したがって $\sum_{n=1}^{\infty} \mathrm{Log}\,(1+u_n)$ が収束すれば式 (3.24) の左辺が存在する．対数関数が主値をとっているから，この条件を満たすことができる．

逆に，式 (3.24) の左辺が p に収束するとしよう．そのとき式 (3.24) の両辺の対数をとって

$$\mathrm{Log}\,\prod_{n=1}^{\infty}(1+u_n) = \sum_{n=1}^{\infty} \mathrm{Log}\,(1+u_n) \tag{3.25}$$

であるので右辺が収束する． ∎

定理 3.5 無限乗積 $\prod_{n=1}^{\infty}(1+u_n)$ が絶対収束するための必要十分条件は，級数 $\sum_{n=1}^{\infty} u_n$ が絶対収束することである．ただし $u_n \neq -1$ とする．

(証明) $\sum_{n=1}^{\infty} |\text{Log}\,(1+u_n)|$ の収束の必要十分条件が $\sum_{n=1}^{\infty} |u_n|$ が収束することであることをいえばよい．$u_n \to 0$ ならば $[\text{Log}\,(1+u_n)]/u_n \to 1$ となる．したがって任意の $\varepsilon > 0$ に対して十分大きな n をとれば $(1-\varepsilon) < [\text{Log}\,(1+u_n)]/u_n < (1+\varepsilon)$ である．これにより $u_n \to 0$ であるならば，この ε と n に対して $|u_n|(1-\varepsilon) < |\text{Log}\,(1+u_n)| < |u_n|(1+\varepsilon)$ とすることができる．これは $\prod_{n=1}^{\infty}(1+u_n)$ と $\sum_{n=1}^{\infty} u_n$ が同時に絶対収束すること，すなわち一方の級数が絶対収束することが他方の級数の絶対収束のための必要十分条件であることを意味している． ■

3.6.2　無限乗積の例 ($\sin z$, $\cos z$ の無限乗積表示)

　無限乗積はさまざまなところで現れる．それらについては複素関数の解析的性質の理解をもう少し進めたところで行うのが本来は適当であって，現時点で説明するのは困難である．ここでは要点といくつかの結果だけを説明し，概括的な理解を促すことで満足しよう．

　複素数 z を変数とする三角関数 $\sin z$ を考えてみよう．指数関数 $\exp z$ は z のべき級数で書かれる (例 1.8)．また，$\sin z = (\mathrm{e}^{\mathrm{i}z} - \mathrm{e}^{-\mathrm{i}z})/(2\mathrm{i})$ であるから，$\sin z$ は z の多項式の無限級数で表すことができる．実際，それは $\sin z$ の Taylor 展開

$$\sin z = \sum_{n=0}^{\infty} (-1)^n \frac{z^{2n+1}}{(2n+1)!} \tag{3.26}$$

である．さらに指数関数は無限遠点以外に関数が無限大になるところはなく (正則性)，また零点は $n\pi$ のみである．このことから $\sin z$ は $(z \pm n\pi)$，あるいは $[1 \pm (z/n\pi)]$ を因数としてもつと考えられる．$z = 0$ も零点，すなわち因数として z も存在することを考慮すれば

$$\sin z = Cz \prod_{n=1}^{\infty} \left(1 - \frac{z^2}{n^2\pi^2}\right)$$

と書くことができるであろう．C はこれから定めるべき数である．右辺を展開したときの z の係数と Taylor 展開の第1項 z の係数を比較すれば $C = 1$ である．こうして，次の $\sin z$ の無限乗積表示

$$\frac{\sin z}{z} = \prod_{n=1}^{\infty} \left(1 - \frac{z^2}{n^2\pi^2}\right) \tag{3.27}$$

を得る (詳細は複素関数論 II 第 3 章 3.1.2 参照). 同じようにして次式も得られる.

$$\cos z = \prod_{n=1}^{\infty} \left[1 - \frac{z^2}{(n-\frac{1}{2})^2 \pi^2} \right] \tag{3.28}$$

4 等 角 写 像

正則関数による写像ではさまざまな美しい規則が成り立つ．たとえば正則関数によって，もとの空間における微小領域は，像空間において相似な微小領域に写像される．この性質を等角性という．また正則関数の実部および虚部はそれぞれ調和関数 (Laplace 方程式の解) であるから，正則関数による写像 (等角写像という) は物理学や工学のさまざまな分野で応用されている．

4.1 等角写像の定義

複素 z 平面上の領域 D で正則な関数 $w = f(z)$ について，D 内の隣接した 3 点 z_i $(i = 0, 1, 2)$ を考える (図 4.1a)．z_0 と z_i $(i = 1, 2)$ を結んだ滑らかな曲線は関数 f の (正則領域 D 内での) 連続性により，複素 w 平面上で同じように w_0 と w_i $(i = 1, 2)$ を結んだ滑らかな曲線に写像される．

このとき z 平面上の点，w 平面上の点のそれぞれの座標を z_0, w_0 を中心として極表示により

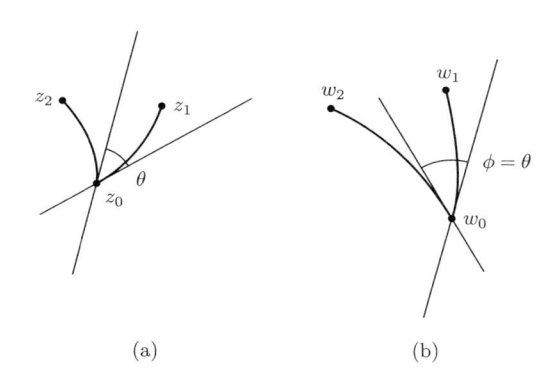

図 4.1　3 点 z_i $(i = 0, 1, 2)$ と $w = f(z)$ によるその写像 w_i $(i = 0, 1, 2)$ および等角性

$$z_1 - z_0 = r_1 \mathrm{e}^{\mathrm{i}\theta_1}, \qquad z_2 - z_0 = r_2 \mathrm{e}^{\mathrm{i}\theta_2}$$
$$w_1 - w_0 = \rho_1 \mathrm{e}^{\mathrm{i}\phi_1}, \qquad w_2 - w_0 = \rho_2 \mathrm{e}^{\mathrm{i}\phi_2} \tag{4.1}$$

と表すことにしよう．$w = f(z)$ の正則性により

$$f'(z_0) = \lim_{z_1 \to z_0} \frac{w_1 - w_0}{z_1 - z_0} = \lim_{z_2 \to z_0} \frac{w_2 - w_0}{z_2 - z_0} \tag{4.2}$$

である．極形式で書き直すと

$$f'(z_0) = \lim_{z_1 \to z_0} \frac{\rho_1}{r_1} \mathrm{e}^{\mathrm{i}(\phi_1 - \theta_1)} = \lim_{z_2 \to z_0} \frac{\rho_2}{r_2} \mathrm{e}^{\mathrm{i}(\phi_2 - \theta_2)}$$

あるいは

$$\frac{\rho_1}{r_1} \mathrm{e}^{\mathrm{i}(\phi_1 - \theta_1)} = f'(z_0) + \gamma_1, \qquad \frac{\rho_2}{r_2} \mathrm{e}^{\mathrm{i}(\phi_2 - \theta_2)} = f'(z_0) + \gamma_2 \tag{4.3}$$

である．ここで γ_1, γ_2 は極限 $z \to z_0$ によって r_1, r_2, ρ_1, ρ_2 などより速く 0 となる複素数である．したがって式 (4.3) で極限 $z_1 \to z_0, z_2 \to z_0$ をとれば

$$\lim_{z_1, z_2 \to z_0} \frac{\rho_2}{\rho_1} = \lim_{z_1, z_2 \to z_0} \frac{r_2}{r_1}, \qquad \lim_{z_1, z_2 \to z_0} (\phi_2 - \phi_1) = \lim_{z_1, z_2 \to z_0} (\theta_2 - \theta_1)$$

となることがわかる．

上で述べたことを幾何学的には「z_0 の近傍での微小三角形 $\triangle z_0 z_1 z_2$ は w_0 の近傍の相似な微小三角形 $\triangle w_0 w_1 w_2$ に写像される」と表現することができる．すなわち

$$\triangle z_0 z_1 z_2 \sim \triangle w_0 w_1 w_2 \tag{4.4}$$

である．式 (4.3) よりただちに $|f'(z_0)|$ は相似図形の拡大率，$\arg f'(z_0)$ は図形の回転角 $(\phi_1 - \theta_1) = (\phi_2 - \theta_2)$ であることがわかる．このような性質を，関数 $f(z)$ の等角性という．「関数 $f(z)$ は等角である」といい，関数 $f(z)$ を**等角写像**という．ある道筋に沿って点 z を動かしたとき，右 (左) にある領域は像曲線の対応する道筋と同じ右 (左) 側に写像されることも上の説明からわかるであろう．

定義 4.1（等角） 領域 D において定義された写像 $w = f(z)$ があって，点 z_0 を通る滑らかな任意の 2 つの曲線のなす角が，像点 w_0 を通る 2 つの像曲線がなす角と符号を含めて等しいとき，$w = f(z)$ は z_0 で**等角**であるという．

定理 4.1 関数 $f(z)$ が z_0 で正則で $f'(z_0) \neq 0$ であるなら，写像 $w = f(z)$ は z_0 で等角である．

これは上の等角性の説明の言い直しである．ただ，$f'(z_0) = 0$ の場合には写像 $w = f(z)$ は $z = z_0$ で偏角が不定になってしまうので等角性が壊れることだけを注意しておこう．

4.2 簡単な等角写像の例

簡単な等角写像の例を見ていこう．

例 4.1 式

$$w = \frac{1}{z}$$

において $z = re^{i\theta}$ とすると $w = (1/r)e^{-i\theta}$ であるから，$z = 0$ を中心とする円は $w = \infty$ を中心とする円 ($w = 0$ を中心とする円でもある) に，$z = 0$ から放射状に広がる直線群は $w = 0$ に集まる直線群 ($z = \infty$ から出る直線群) に写像される．点 z が z 平面上の $z = 0$ を中心とする円周上を反時計回りに 1 周すれば，点 w は w 平面上の $w = 0$ を中心とする円周上を時計回りに 1 周する．したがって z 平面

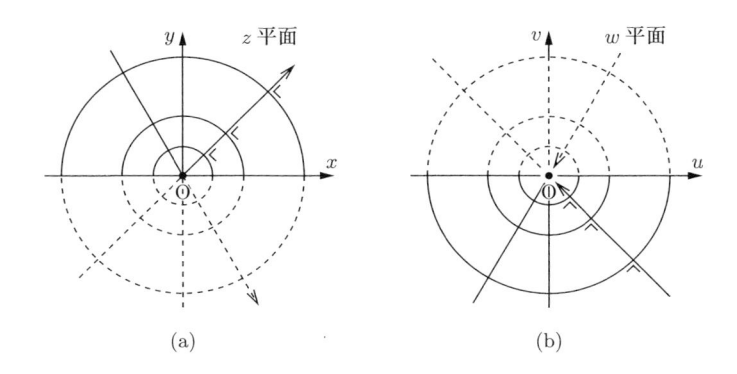

図 4.2 複素 z 平面の図形と写像 $w = 1/z$ による複素 w 平面上の図形．z 平面上の直交曲線群は w 平面上の直交曲線群に写像され，$z = 0$ を除いて写像の等角性が成立する．

の円の内部 (外部) 領域は w 平面の円の外部 (内部) に写像される．z 平面上の直交曲線群は w 平面上の直交曲線群に写像され，$z = 0$ を除いて写像の等角性が成立する (図 4.2)．◁

例 4.2

$$w = z^2$$

この写像の実部と虚部を分けて書けば

$$u = x^2 - y^2, \qquad v = 2xy \tag{4.5}$$

であるから，z 平面上で実軸に沿った半直線 $x > 0, y = 0$ は $u = x^2 > 0, v = 0$ に，z 平面上で虚軸に沿った半直線 $x = 0, y > 0$ は $u = -y^2 < 0, v = 0$ に写像される．また z 平面で実軸，虚軸に平行な直線群はそれぞれ次のような放物線群に写像される．

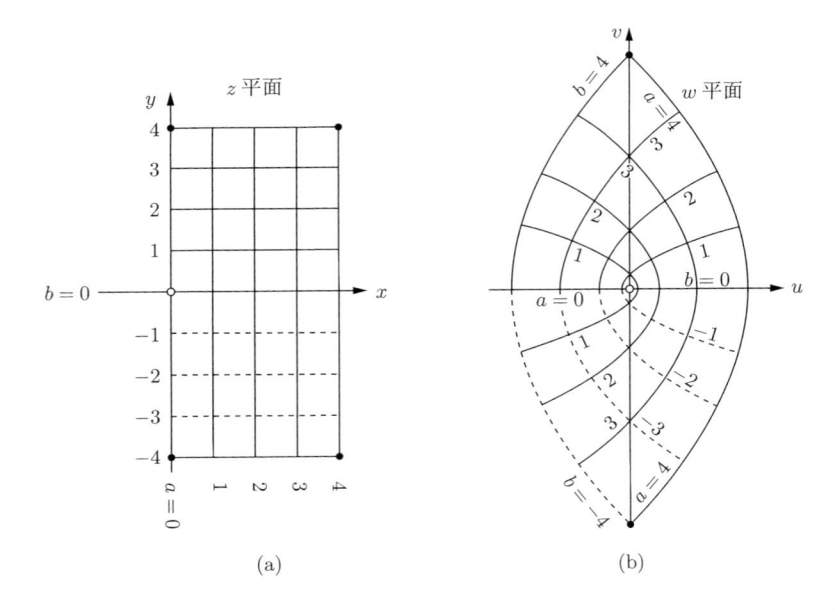

図 **4.3** $w = z^2$. z 平面で実軸，虚軸に平行な直線群は w 平面上の放物線群に写像され，それらは w 平面上のいたるところで直交している．

$$x = a \Rightarrow u = a^2 - \left(\frac{v}{2a}\right)^2 \tag{4.6a}$$

$$y = b \Rightarrow u = \left(\frac{v}{2b}\right)^2 - b^2 \tag{4.6b}$$

これら 2 つの放物線群は w 平面上のいたるところで互いに直交している (図 4.3). さらに z 平面の第 1 象限にある円弧は w 平面上の上半平面にある円弧に写像されることなどがわかる. 以上から, $f'(0) = 0$ である $z = 0$ を除くすべての点で等角である. ◁

4.3　1 次 変 換

以下に示す 1 次分数関数による写像は一般的に重要であるばかりでなく, 等角写像として有用である.

4.3.1　整関数および有理関数

n を 0 または正整数, $a_0, a_1, a_2, \cdots$ を複素定数 $(a_0 \neq 0)$ として

$$P(z) = a_0 z^n + a_1 z^{n-1} + \cdots + a_{n-1} z + a_n \tag{4.7}$$

を $(n \text{ 次})$ **多項式**または**有理整関数**という. 多項式は複素 z 平面全域 (原点より有限の距離にあるすべての点) で正則である. 一般に原点から有限の距離にある複素平面上のすべての点で正則な関数を**整関数**という.

$P(z), Q(z)$ が z の多項式 $(Q(z) \neq 0)$ であるとき

$$\frac{P(z)}{Q(z)} = \frac{a_0 z^n + a_1 z^{n-1} + \cdots + a_{n-1} z + a_n}{b_0 z^m + b_1 z^{m-1} + \cdots + b_{m-1} z + b_m} \tag{4.8}$$

を**有理関数**という. 特に a, b, c, d を複素定数として 1 次の有理関数

$$w = \frac{az + b}{cz + d} \quad (ad - bc \neq 0) \tag{4.9}$$

を **1 次分数関数**あるいは単に **1 次関数**という.

4.3.2　1次分数関数と1次変換

1次分数関数による写像を **1次変換** (1次写像) あるいは **Möbius** (メビウス) 変換という．式 (4.9) を書き直すと

$$w = \frac{(bc-ad)/c}{cz+d} + \frac{a}{c} \tag{4.10}$$

であるから，1次変換は

(1) $w = z + \alpha$
(2) $w = \beta z$
(3) $w = 1/z$

の3つの変換の組合せである．

この3つの変換は写像の基本であり，等角写像としても重要である．変換 (1) は複素平面上の並行移動，変換 (2) は複素平面上の拡大 (縮小) と回転である．変換 (3) については少し準備が必要である．

図 4.4 で直角三角形 $\triangle ORQ$ と直角三角形 $\triangle OPR$ は相似であるから，

$$\frac{\overline{OQ}}{\overline{OR}} = \frac{\overline{OR}}{\overline{OP}}$$

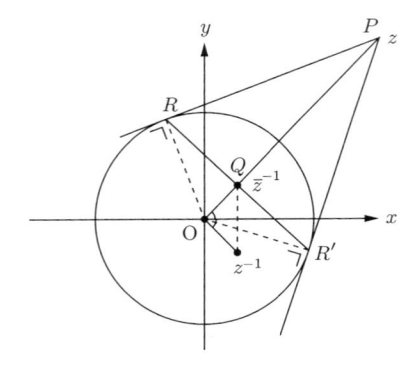

図 4.4　$1/z$ と z の鏡像の位置 $1/\bar{z}$．P より単位円への接線を引き，R および R' で接している．線分 $\overline{RR'}$ と $\overline{OP}$ の交点を Q とする．

である．したがって円の半径 $\overline{OR}=1$ であれば $\overline{OQ}\cdot\overline{OP}=1$ となる．このことは，複素数 z が点 P であれば点 Q は $\bar{z}^{-1}$ であることを意味している．(点 O, P, Q は一直線上にあるから $\overline{OP}$ と $\overline{OQ}$ の偏角は等しい．したがって点 Q は z^{-1} ではなく $\bar{z}^{-1}$ である．) $|z|<1$ である場合には点 P と点 Q の場所が逆になることは容易に理解できよう．点 P と Q を単位円に対して鏡像の位置にある，という．変換 (3) に対応して，z を鏡像の位置に移し，それをさらに実軸に対称な点に移すという作図 (図 4.4) により $1/z$ が求められる．

1 次分数関数 (4.9) は $z=-d/c$ を除き全平面で正則でかつ等角である．また，これは $z=-d/c$ あるいは $w=a/c$ を除いて，z 平面と w 平面の上の点の間で連続な 1 対 1 対応を与える．また変換によって動かない点[*1]は $cz^2+(d-a)z-b=0$ の根であり，一般に 2 つある．

z 平面上の直線または円の方程式 (a と c は実数) は

$$az\bar{z}+\bar{z}_0 z+z_0\bar{z}+c=0 \tag{4.11}$$

と書くことができる．1 次変換 $w=1/z$ によって，式 (4.11) は

$$cw\bar{w}+z_0 w+\bar{z}_0\bar{w}+a=0 \tag{4.12}$$

に変わる．式 (4.12) もまた w 平面上の直線または円である．一般の 1 次変換は $w=1/z$ に並行移動および拡大・縮小・回転を行ったものである．このことから，1 次変換は平面上の直線または円を直線または円に写像することがわかる．これを円–円対応という．

4.3.3　1 次変換の例(等角写像)

1 次分数関数による写像が等角写像であることはすでに述べた．いくつかの例を見てみよう．

例 4.3　1 次変換 ($\mathrm{Im}\, z_0>0$)

$$w=\mathrm{e}^{\mathrm{i}\alpha}\frac{z-z_0}{z-\bar{z}_0} \tag{4.13}$$

を考える．$z=x$ とすると $|w|=1$ であるから，z 平面の実軸は w 平面の単位円に写像される．さらに 1 次変換の連続性より z 平面の上半平面 ($\mathrm{Im}\, z>0$) は

[*1]　自分自身に写像する点．すなわち $w(z)=z$ となる点．不動点という．

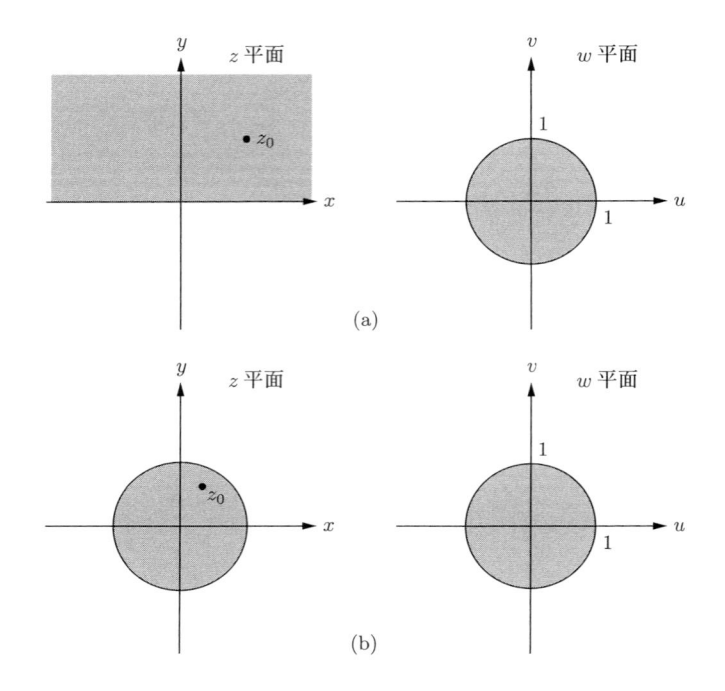

図 **4.5** z 平面の領域と対応する w 平面の領域. (a) 1 次変換 $w = \mathrm{e}^{\mathrm{i}\alpha}(z-z_0)/(z-\bar{z}_0)$ ($\mathrm{Im}\, z_0 > 0$). (b) 1 次変換 $w = \mathrm{e}^{\mathrm{i}\alpha}(z-z_0)/(\bar{z}_0 z - 1)$ ($|z_0| < 1$).

w 平面の単位円の外または内に写像される. $w = 0$ に対応する z 平面上の点は $z = z_0$ であるから, z 平面の上 (下) 半平面は w 平面の単位円内 (外) 部に写像される (図 4.5a では $\mathrm{Im}\, z_0 > 0$ の場合を示した). ◁

例 4.4 1 次変換 ($|z_0| < 1$)

$$w = \mathrm{e}^{\mathrm{i}\alpha} \frac{z - z_0}{\bar{z}_0 z - 1} \tag{4.14}$$

を考える. $z = \exp(\mathrm{i}\theta)$ とすると $|w| = 1$ だから z 平面の単位円は w 平面の単位円に写像される. さらに $w = 0$ に対応する z 平面上の点は $z = z_0$ だから, z 平面の単位円の内 (外) 部は w 平面の単位円の内 (外) 部に写像される (図 4.5b には $|z_0| < 1$ の場合を示した). ◁

4.4 調和関数と等角写像

Laplace 方程式を満足する関数を**調和関数**ということは 2.2.3 項 a で述べた．したがって正則関数の実部 u と虚部 v はそれぞれ (2 次元) 調和関数である．Laplace 方程式は，電磁気学における電荷がない領域での静電ポテンシャルの式，流体力学の流れのポテンシャルの式などさまざまなところで現れるので，調和関数は物理学や工学の分野でたいへん重要である．

4.4.1 等角写像による Laplace 方程式の変換

式 (2.17) で見たように，正則関数の実部，虚部はおのおの調和関数である．
等角写像 $w = u(x,y) + \mathrm{i}v(x,y)$ を用いて変数変換

$$u = u(x,y), \qquad v = v(x,y) \tag{4.15}$$

を行うと，(x,y) 空間の Laprace 演算子は

$$\frac{\partial^2}{\partial x^2} + \frac{\partial^2}{\partial y^2} = \left[\left(\frac{\partial u}{\partial x}\right)^2 + \left(\frac{\partial u}{\partial y}\right)^2\right]\left(\frac{\partial^2}{\partial u^2} + \frac{\partial^2}{\partial v^2}\right) \tag{4.16}$$

と変換される．変換の比例係数は等角写像の拡大率

$$\left(\frac{\partial u}{\partial x}\right)^2 + \left(\frac{\partial u}{\partial y}\right)^2 = |w'(z)|^2 \tag{4.17}$$

である．式 (4.16) により，(x,y) 空間の Laplace 方程式は (u,v) 空間の Laplace 方程式に変換される．

$$\left(\frac{\partial^2}{\partial x^2} + \frac{\partial^2}{\partial y^2}\right)f(x,y) = 0 \Leftrightarrow \left(\frac{\partial^2}{\partial u^2} + \frac{\partial^2}{\partial v^2}\right)f(x(u,v),y(u,v)) = 0 \tag{4.18}$$

Laplace 方程式を満たす 2 次元複素関数 $f = \Phi + \mathrm{i}\Psi$ を考えよう．ここで正則関数 $z = z(w)$ ($w = w(z)$) を用いて z 平面を w 平面に写像する．複素関数 $f(z(w)) = \Phi + \mathrm{i}\Psi$ は w で微分可能であるから w に関しても正則関数となり，上の議論から Φ, Ψ はそれぞれ u, v ($w = u + \mathrm{i}v$) の調和関数となる．これが式 (4.18) の意味するところである．

4.4.2 電磁気学,流体力学における調和関数

a. 電磁気学と静電ポテンシャルおよび電気力線

電荷がない 3 次元空間領域での**静電ポテンシャル** $\phi(\boldsymbol{r})$ は Laplace 方程式

$$\left(\frac{\partial^2}{\partial x^2} + \frac{\partial^2}{\partial y^2} + \frac{\partial^2}{\partial z^2}\right)\phi(\boldsymbol{r}) = 0 \tag{4.19}$$

を満たす.点 $\boldsymbol{r}$ に電荷 q をもつ質点を置いたとき,それに働く力 $\boldsymbol{F}$ は静電ポテンシャルの勾配 $\mathrm{grad}\,\phi$ で表すことができる.

$$\boldsymbol{F}(\boldsymbol{r}) = -q\,\mathrm{grad}\,\phi(\boldsymbol{r}) = -q\left(\frac{\partial}{\partial x}, \frac{\partial}{\partial y}, \frac{\partial}{\partial z}\right)\phi(\boldsymbol{r}) \tag{4.20}$$

各点でのポテンシャルの勾配 (に符号を変えたベクトル),すなわち最大傾斜の方向と大きさをもったベクトルを電場ベクトル $\boldsymbol{E}$ という.

$$\boldsymbol{E}(\boldsymbol{r}) = -\mathrm{grad}\,\phi(\boldsymbol{r}) = -\left(\frac{\partial}{\partial x}, \frac{\partial}{\partial y}, \frac{\partial}{\partial z}\right)\phi(\boldsymbol{r}) \tag{4.21}$$

電場ベクトルを表す矢印を空間に描いて,それを連続的につなぎ合わせたものを**電気力線**という.電気力線は電場の方向に沿っていて,$\phi(\boldsymbol{r}) = $ 一定 の曲面に垂直に交わり,電気力線の密度は電場の強さ (電場ベクトルの大きさ) に比例する.したがって荷電粒子に働く力の方向を電気力線が表している.

$\phi(\boldsymbol{r})$ が z によらない場合,上の議論で z 依存性はなくなるので 2 次元の座標を考えればよい.2 次元静電ポテンシャル $\phi(\boldsymbol{r})$ および電場ベクトル $\boldsymbol{E}(\boldsymbol{r})$ はそれぞれ

$$\left(\frac{\partial^2}{\partial x^2} + \frac{\partial^2}{\partial y^2}\right)\phi(\boldsymbol{r}) = 0 \tag{4.22}$$

$$\boldsymbol{E}(\boldsymbol{r}) = -\mathrm{grad}\,\phi(\boldsymbol{r}) = -\left(\frac{\partial}{\partial x}, \frac{\partial}{\partial y}\right)\phi(\boldsymbol{r}) \tag{4.23}$$

となる.静電ポテンシャル $\phi(x,y)$ は (2 次元) 調和関数となる.また静電ポテンシャルの勾配 (に符号を変えたベクトル) が電場ベクトルを表す.ϕ を実部とする正則関数の虚部 $\psi(x,y)$ の勾配は,Cauchy–Riemann の関係

$$\frac{\partial}{\partial x}\phi(x,y) = \frac{\partial}{\partial y}\psi(x,y), \qquad \frac{\partial}{\partial y}\phi(x,y) = -\frac{\partial}{\partial x}\psi(x,y) \tag{4.24}$$

を満足せねばならないから電場ベクトルに直交 (電気力線に直交) する.したがって $\psi = $ 一定 となる曲線が電気力線を定め,$\phi = $ 一定 となる曲線 (静電ポテンシャル等位曲線) と直交する.

b. 渦なしの流れと速度ポテンシャルおよび流れの関数

流体の速度場のベクトル (速度ベクトル) を $\boldsymbol{v}(\boldsymbol{r})$ とするとき，$\boldsymbol{\omega}(\boldsymbol{r}) = \operatorname{rot} \boldsymbol{v}$ を**渦度**といい，渦の流れの回転する様子を表す．$\boldsymbol{\omega} = \boldsymbol{0}$ のとき**渦なしの流れ**という．$\operatorname{rot} \boldsymbol{v} = \boldsymbol{0}$ であるとき，$\boldsymbol{v}$ は $\boldsymbol{v} = \operatorname{grad} \Phi$ と書かれる関数 Φ から導くことができる．この Φ を**速度ポテンシャル**という．流れの質量密度を ρ，時間を t として，連続の式

$$\frac{\partial \rho}{\partial t} + \operatorname{div}(\rho \boldsymbol{v}) = 0 \tag{4.25}$$

が成り立つ．渦なしの縮まない流体では $\rho = $ 一定 であるから

$$\operatorname{div} \boldsymbol{v} = 0 \Rightarrow \operatorname{div} \operatorname{grad} \Phi = \left(\frac{\partial^2}{\partial x^2} + \frac{\partial^2}{\partial y^2} + \frac{\partial^2}{\partial z^2} \right) \Phi = 0 \tag{4.26}$$

となり，速度ポテンシャル Φ は Laplace 方程式の解となる．

このとき $\boldsymbol{v}$ が x, y にのみ依存し，z にはよらない 2 次元的流れ $\boldsymbol{v}$ を考えよう．速度ポテンシャル Φ は 2 次元の Laplace 方程式

$$\left(\frac{\partial^2}{\partial x^2} + \frac{\partial^2}{\partial y^2} \right) \Phi = 0 \tag{4.27}$$

を満足し，流れの速度場は

$$v_x = \frac{\partial \Phi}{\partial x}, \qquad v_y = \frac{\partial \Phi}{\partial y} \tag{4.28}$$

となる．図 4.6 に示すように空間に 1 点 A と任意の点 P を考える．曲線 C の A から P へ向かって引いた接線を時計回りに $90°$ 回転させた方向に射影した $\boldsymbol{v}$ の成分を v_n とする．非圧縮性流体では，A と P を結ぶ曲線 C を横切って通過する流体の体積は

$$\Psi(P) = \int_A^P v_n \, ds \tag{4.29}$$

であり，これは曲線 C によらず点 P だけで決る．A と P を結ぶ任意の 2 つの曲線 C と C' を考えると，C を通って入った流れは縮まない以上，C' から必ず出ているはずだからである．この $\Psi(x,y)$ を**流れの関数**という．$\Psi = $ 一定 である曲線を通過する流量は 0 であるから，これが流線を与える．

定義から流れの関数 Ψ の微分は流れの速度となり $v_n = \partial \Psi / \partial s$，すなわち流れの関数をある方向に微分すれば，その方向からさらに時計回りに $90°$ 回った方向

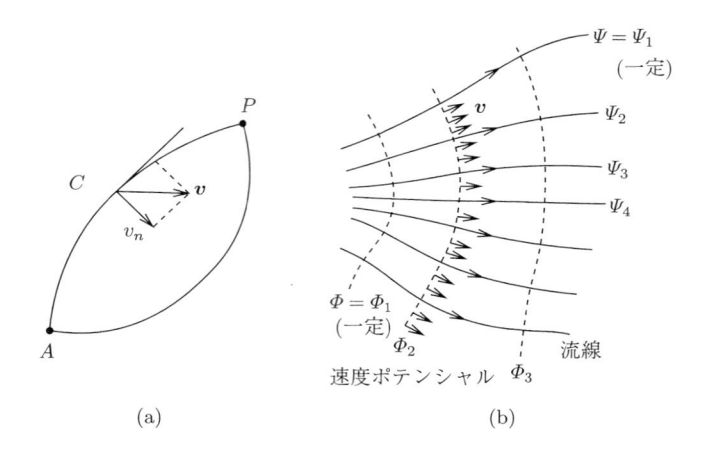

図 **4.6** 非圧縮性流体の流れの関数

の速度が求められる．したがって，微分の方向をそれぞれ x, y 方向にとると $-y$, x 方向の速度 $-v_y, v_x$ となる．

$$v_x = \frac{\partial \Psi}{\partial y}, \qquad v_y = -\frac{\partial \Psi}{\partial x} \tag{4.30}$$

流れの速度場の速度ポテンシャルによる式 (4.28) と流れの関数による式 (4.30) とを比べると，Cauchy–Riemann の関係を満たしていることがわかる．つまり Φ と Ψ をそれぞれ実部と虚部とする関数

$$f = \Phi + \mathrm{i}\Psi \tag{4.31}$$

は $z = x + \mathrm{i}y$ に関して正則関数で Φ と Ψ は調和関数である．f を複素速度ポテンシャルという．

c. 境界のある場合の Laplace 方程式の解法

2 次元非圧縮性流体の渦なしの流れを考えよう．このとき複素ポテンシャル $f = \Phi + \mathrm{i}\Psi$ が定義されることはすでに見たとおりである．ここで正則関数 $z = z(w)$ $(w = w(z))$ を用いて z 平面を w 平面に写像すると，複素ポテンシャル $f(z(w)) = \Phi + \mathrm{i}\Psi$ の Φ, Ψ は w 空間においてもそれぞれ u, v $(w = u + \mathrm{i}v)$ の調和関数となる．したがって $w = u + \mathrm{i}v$ 平面においても $\Phi(u,v), \Psi(u,v)$ をそれぞれ速度ポテンシャル，流れの関数とする渦なしの流れの速度場が存在する．

定常的な流れでは流れの境界 (入れ物) に沿って流れがあるから，z 平面での流れの境界は w 平面での流れの境界に対応し $\Psi =$ 一定 である流線の 1 つがその境界となる．したがって，ある物体のまわりの流れの模様を知るためには流れをいちいち解くまでもなく，別の物体のまわりの流れを知っていれば，その物体の境界を一方の物体の境界に写像する等角写像を求めれば十分である．このため 2 次元非圧縮性流体の渦なしの流れでは等角写像が重要になる．

2 次元空間における静電場の問題に関しても同様である．たとえば金属で境界がつくられている場合，その境界が静電ポテンシャル一定の面 (あるいは線) になっている．したがって別の境界条件での静電場を知っていれば，その境界を一方の境界に写像する等角写像を求めればよい．

4.4.3 電磁気学への応用

3 元空間で原点を含み，z 方向に無限に伸びる線密度 σ の直線電荷を考えよう．この場合のポテンシャルは，$z = x + \mathrm{i}y$ とすると，

$$\phi(x,y) = -2\sigma \ln r \qquad (r = \sqrt{x^2+y^2}) \tag{4.32}$$

である．したがって複素ポテンシャル

$$\Phi = -2\sigma \log z \qquad (z = x + \mathrm{i}y) \tag{4.33}$$

を考えて，その実部 ϕ をとれば静電ポテンシャルとなる．電場の強さは $|\mathrm{grad}\,\phi| = 2\sigma/r$ である．

例 4.5 (2 本の平行な直線電荷 I) $x = \pm a, y = 0$ で z 軸に平行に線密度が同じ σ の直線電荷を置いた場合に全体の複素ポテンシャルは

$$\begin{aligned}\Phi(x,y) &= -2\sigma[\log(z+a) + \log(z-a)] \\ &= -2\sigma \log(z^2 - a^2) \qquad (z = x + \mathrm{i}y)\end{aligned} \tag{4.34}$$

である．その実部 ϕ をとれば静電ポテンシャルを，また虚部をとれば電気力線を得る (図 4.7)． ◁

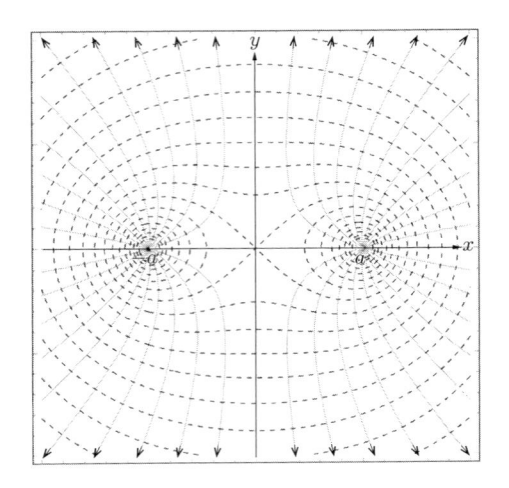

図 4.7　$x = \pm a, y = 0$ で z 軸に平行に線密度が同じ σ である 2 本の直線電荷が置かれた場合の電場 (等電位面, 破線) と電気力線 (実線)

例 4.6 (2 本の平行な直線電荷 II)　$x = \pm a, y = 0$ で z 軸に平行に異なる符号の線密度 $+\sigma$ と $-\sigma$ である直線電荷を置いた場合には, 全体の複素ポテンシャルは

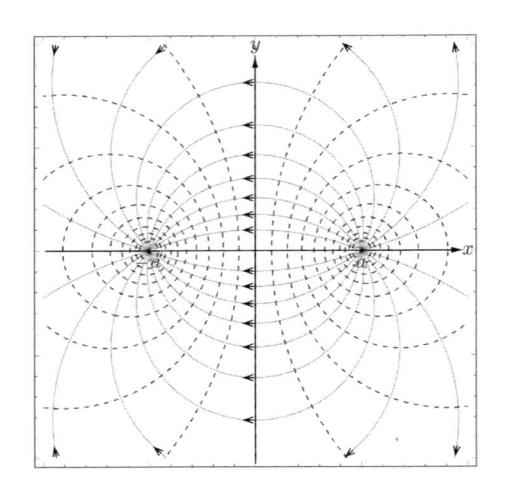

図 4.8　$x = \pm a, y = 0$ で z 軸に平行に置かれた, 線密度の符号が異なり $\pm \sigma$ である 2 本の直線電荷がつくる電場 (等電位面, 破線) と電気力線 (実線)

$$\Phi(x,y) = -2\sigma[\log(z-a) - \log(z+a)]$$
$$= -2\sigma \log \frac{z-a}{z+a} \qquad (z = x + \mathrm{i}y) \tag{4.35}$$

となる．静電ポテンシャルの等電位面，電気力線についても求めることができる．それらを図 4.8 に示す． ◁

例 4.7（2 本の平行な直線電荷 III） もう少し複雑な場合を考えよう．これまでは 2 本の直線電荷として，絶対値が等しい線密度を考えた．$x = \pm a, y = 0$ で z 軸に平行に異なる符号の線密度 $+q\sigma$ と $-\sigma$ である直線電荷を置いた場合には，全体の複素ポテンシャルは

$$\Phi(x,y) = -2\sigma[q\log(z-a) - \log(z+a)]$$
$$= -2\sigma \log \frac{(z-a)^q}{z+a} \qquad (z = x + \mathrm{i}y) \tag{4.36}$$

となる．$q = 2$ であるときの等電位面，電気力線を図 4.9 に示す． ◁

例 4.8 ［接地した厚さのない棒 (板) のまわりの電場］ 等角写像を用いることにより，等ポテンシャル曲線および電気力線が容易に求められる場合の一例を見よう．$y < 0$ の領域が地面であり，z 方向には無限に広がった空間を考える．ここに

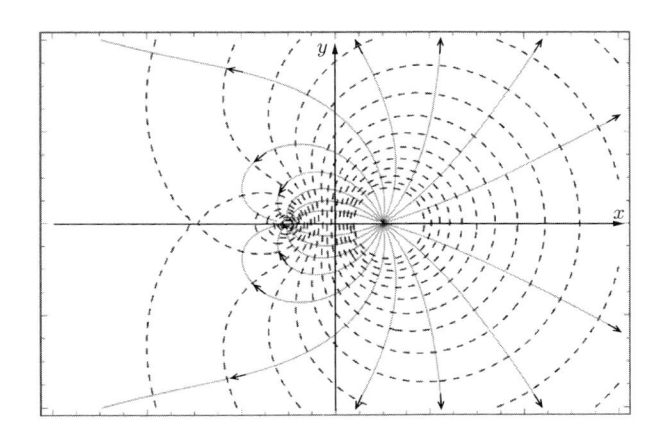

図 **4.9** $x = \pm a, y = 0$ で z 軸に平行に異なる符号の線密度 $+2\sigma$ と $-\sigma$ である直線電荷を置いた場合の電場 (等電位面，破線) と電気力線 (実線)

$x=0$ に長さ 1 で y 軸に平行に (接地した) 金属棒 (板) を立てた場合の電場を考えよう．この場合は z 方向は一様であるから x, y だけを考えればよい．まず金属棒を立てない場合，地面が $v \leq 0$ に広がり，$v \geq 0$ が真空である空間を考える．この場合は，等ポテンシャル面は地面に平行 ($v=$ 一定) であり，電気力線は地面に垂直である．u–v 面を複素 w 面と考えよう．

$$w = (z^2 + 1)^{1/2} \tag{4.37}$$

あるいは

$$z = (w^2 - 1)^{1/2} \tag{4.38}$$

を考えてみよう．複素 w 平面の実軸 (u 軸) は

$$
\begin{array}{llll}
v=0, & u \leq -1 & \mapsto & y=0, \quad x \leq 0 \\
v=0, & -1 \leq u \leq 0 & \mapsto & 0 \leq y \leq 1, \quad x=0 \\
v=0, & 0 \leq u \leq 1 & \mapsto & 0 \leq y \leq 1, \quad x=0 \\
v=0, & 1 \leq u & \mapsto & y=0, \quad 0 \leq x
\end{array}
$$

と写像される．すなわち複素 w 平面の上半平面は複素 z 平面の切れ目 ($x=0$, $0 \leq y \leq 1$) の入った上半平面に写像される．したがって w 平面の実軸に沿った直線は，複素 z 平面ではこの切れ目に沿った曲線に写像される．w 平面の等ポテンシャル線は u 軸に平行な直線群，電気力線は v 軸に平行な直線群であるから，z

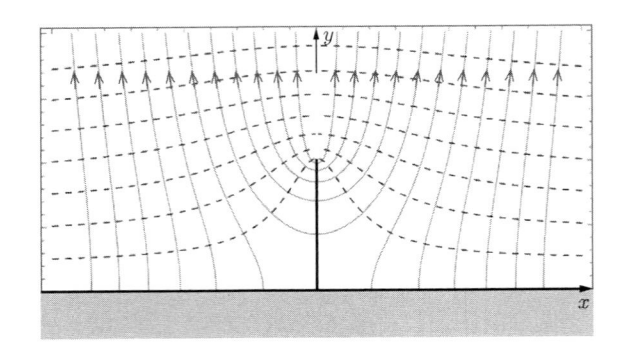

図 **4.10** $y<0$ の領域が地面である空間を考える．$x=0$ に長さ 1 で y 軸に平行に (接地した) 金属棒 (板) を立てた場合の電場 (等電位面，破線) と電気力線 (実線)

平面の等ポテンシャル線, 電気力線は図 4.10 のようになる. (この例は壁に沿った流れのふるまいと考えてもよい.) ◁

4.4.4 流体力学への応用

例 4.9 (円柱のまわりの流れ—Joukowski 変換) 半径 a である円 (円柱) のまわりの流れを考える. 流れの中の閉曲線 C に沿って

$$I(C) = \oint_C \boldsymbol{v} \cdot \mathrm{d}\boldsymbol{s} = \oint_C v_s \, \mathrm{d}s \tag{4.39}$$

が 0 でないとき, これを**循環**とよぶ. たとえば流れの中に物体が置かれた場合には物体の近くの流線が閉曲線をつくり, 物体を回る流れができる. 物体が円 (柱) の場合に循環がなければ円の上下で流れは対称であるが, 循環がある場合には円の上下で流れの速さが異なることから, 圧力が働き揚力の原因となる. ここでは簡単のため循環はないとする.

$$w = z + \frac{a^2}{z} \tag{4.40}$$

という変換を考えてみよう. これを **Joukowski** (ジューコフスキー) **変換**という. $z = a\mathrm{e}^{i\theta}$ とすると $w = 2a\cos\theta$ となるから, Joukowski 変換は z 平面の半径 a である円を w 平面の長さ $4a$ の平板に写像する (図 4.11). w 平面上で厚みのない平

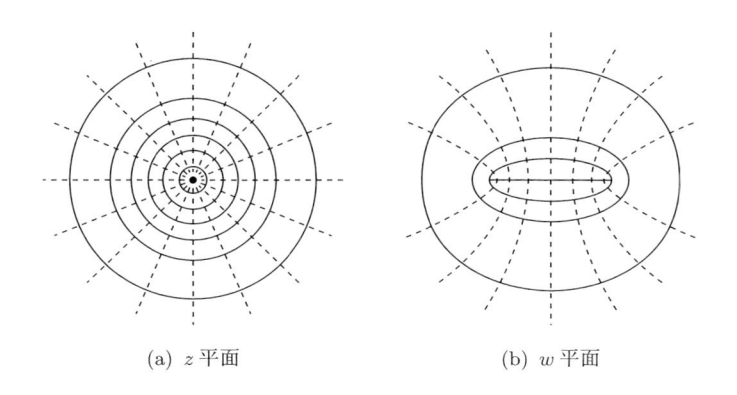

(a) z 平面 (b) w 平面

図 **4.11** Joukowski 変換

板に平行な流れの場合 (平板がない場合と同様であるから), 複素速度ポテンシャル f は

$$f = Uw \tag{4.41}$$

である. 実際, $w = u + \mathrm{i}v$ とすると, $\Phi(u,v) = Uu, \Psi(u,v) = Uv$ であるから, u 方向の流れの速度は U, v 方向の流れの速度は 0 であり, また流線は $v = $ 一定 という直線で表される. 複素速度ポテンシャル f を z で表すと,

$$f = U\left(z + \frac{a^2}{z}\right) \tag{4.42}$$

となる. 円から離れると $(z \to \infty)$ 流れは $f \to Uz$ となり, 一様流になる. また円柱表面 $(z = a\mathrm{e}^{\mathrm{i}\theta})$ では

$$f = 2Ua\cos\theta \tag{4.43}$$

すなわち

$$\Phi = 2Ua\cos\theta, \qquad \Psi = 0 \tag{4.44}$$

であり, 確かに流線は円 (柱) に沿っている. 円に沿った流れの速度は

$$v_\theta = \left(\frac{1}{r}\frac{\partial \Phi}{\partial \theta}\right)\bigg|_{r=a} = -2U\sin\theta \tag{4.45}$$

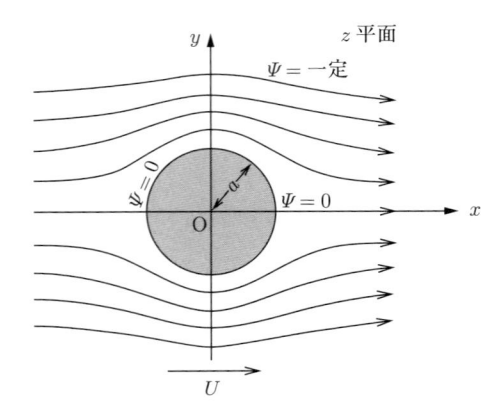

図 4.12　円柱のまわりの非圧縮性流体の渦なしの流れ (循環のない場合)

となる．流れの様子を図 4.12 に示す． ◁

例 4.10（平板に斜めに当たる流れ） 平板に斜めに当たる流れに対しては Joukowski 変換を逆に用いればよい．w 平面で角度 α で円 (柱) に当たる流れは

$$f = U\left(e^{-i\alpha}w + \frac{a^2 e^{i\alpha}}{w}\right) \tag{4.46}$$

である．したがって z 平面で長さ $2a$ の平板に角度 α をもって当たる流れは上の式から

$$z = w + \frac{a^2}{w}$$

によって z 平面に移ればよい． ◁

例 4.11（楔型の角を回る流れ） Joukowski 変換以外にも 2 次元流れに対しては等角写像がいろいろと応用される．複素速度ポテンシャルが

$$f(z) = Az^n \tag{4.47}$$

となる場合を考えてみよう．$z = re^{i\theta}$ として f を実部と虚部に分ければ

$$\Phi = Ar^n \cos n\theta, \qquad \Psi = Ar^n \sin n\theta \tag{4.48}$$

であるから，$\Psi = 0$ となる流線は $\theta = m\pi/n$ $(n = 0, 1, 2, \cdots)$ である．したがって上の速度ポテンシャルは角度 $m\pi/n$ の物体を回る流れである (図 4.13)． ◁

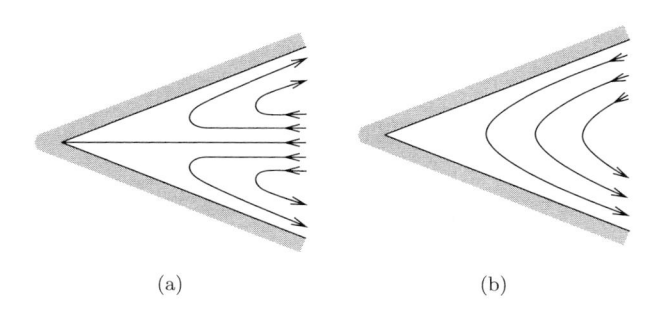

(a)　　　　　　　(b)

図 **4.13**　角 π/n を回る渦なしの流れ

a. 循環のある場合の流れの問題

円 (柱) のまわりの循環を表現するには対数関数が必要である．循環があって円から十分に離れると一様流になる場合，式 (4.42) で与えられた複素速度ポテンシャルに対数項を加えたものが，新たに複素ポテンシャルとなる．

$$f = U\left(z + \frac{a^2}{z}\right) + \mathrm{i}\frac{\Gamma}{2\pi}\log z \tag{4.49}$$

新たに加えた対数関数の項の虚部は円周上で一定となる．したがってこの円周 $|z| = a$ は複素ポテンシャルに対しても流線となる．さらに，この円周 $|z| = a$ の上を回るとき複素ポテンシャルは $-\Gamma$ だけ増える．これは円周に沿う流れ，すなわち渦ができていることを意味している (図 4.14)．

速度は上の速度ポテンシャルから

$$\frac{\mathrm{d}}{\mathrm{d}z}f = U\left(1 - \frac{a^2}{z^2}\right) + \mathrm{i}\frac{\Gamma}{2\pi}\frac{1}{z} \tag{4.50}$$

となる．循環のない場合には円柱の上下における流れは対称であるが，循環があると円柱のまわりの循環と順方向で流れは速くなり，反対側では遅くなる．そのため Bernoulli (ベルヌーイ) の法則によって円柱は力を受ける．

円柱に沿った流れの速度は

$$f = \Phi + \mathrm{i}\Psi$$
$$v_\theta = \left(\frac{1}{r}\frac{\partial \Phi}{\partial \theta}\right)_{r=a} = -2U\sin\theta - \frac{\Gamma}{2\pi a} \tag{4.51}$$

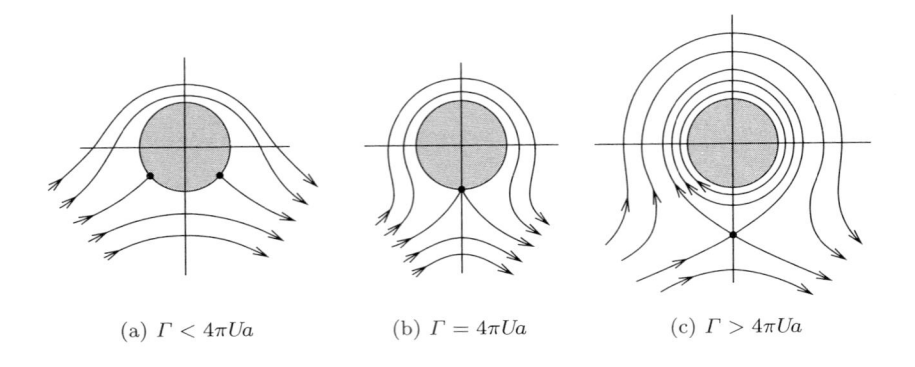

(a) $\Gamma < 4\pi Ua$　　(b) $\Gamma = 4\pi Ua$　　(c) $\Gamma > 4\pi Ua$

図 **4.14**　循環のある場合の流れ

流れのないときの圧力を p_0,流体の密度を ρ として,Bernoulli の定理より圧力は

$$p = p_0 - \frac{\rho}{2}{v_\theta}^2 = p_0 - \frac{\rho}{2}\left(-2U\sin\theta - \frac{\Gamma}{2\pi a}\right)^2 \qquad (4.52)$$

となる.円柱に働く全圧力を計算するには,円柱の表面法線方向は $\bm{n} = (\cos\theta, \sin\theta)$,表面微少線分要素は $\mathrm{d}s = a\,\mathrm{d}\theta$ であることに注意して,積分

$$\bm{P} = -\int p\bm{n}\,\mathrm{d}s$$

を行えばよい.x および y 方向の圧力として

$$P_x = 0, \qquad P_y = \rho U \Gamma \qquad (4.53)$$

を得る.非圧縮性完全流体の中では,円柱には流れの方向 (x 方向) の抵抗は働かず,流れと垂直な方向 (y 方向) の循環に比例した揚力を受ける.

5 特 異 点

　複素関数の正則領域での性質を知ることは，その関数の正則でない点や正則でない領域の近傍における性質を知ることでもある．複素関数の正則である点を正則点といい，正則でない点を**特異点**という．複素関数の性質を理解する上で Riemann 面の構造が重要であり，特異点の1つである分岐点近くの性質を明らかにするように構成されている．

5.1 孤 立 特 異 点

　孤立特異点とは何かを明らかにし，それを分類することから始める．

定義 5.1 R を適当な有限の数として，$z = z_0$ の近く $0 < |z - z_0| < R$ で1価正則な関数 $f(z)$ が，$z = z_0$ で正則でないとき，z_0 を $f(z)$ の**孤立特異点**という．

　孤立特異点を次の3つに分類する．

5.1.1 除きうる特異点

定義 5.2 z_0 が $f(z)$ の孤立特異点であって，

$$f(z_0) \equiv \lim_{z \to z_0} f(z) \tag{5.1}$$

と定義し直すことによって，$f(z)$ を $z = z_0$ を含む領域で1価正則とすることができることがある．このようなとき，点 z_0 を**除きうる特異点** (除去可能特異点) という．

　一般に孤立特異点 z_0 について

$$\lim_{z \to z_0} (z - z_0) f(z) = 0 \tag{5.2}$$

であれば，$z = z_0$ は $f(z)$ の除きうる特異点である．このことは，後に7.2節で示す Morera の定理により証明することができる．

例 5.1 次式

$$f(z) = \frac{\sin z}{z} \qquad (5.3)$$

は $z = 0$ では定義されないが

$$\lim_{z \to 0} f(z) = 1 \qquad (5.4)$$

であり，$f(z)$ は $z = 0$ を除いて有界かつ 1 価正則である．このとき

$$f(z) = \begin{cases} \sin z / z & (z \neq 0) \\ 1 & (z = 0) \end{cases} \qquad (5.5)$$

と定義し直すと，$f(z)$ は $z = 0$ を含む複素 z 平面上の原点からの距離が有限の領域で 1 価正則となる． ◁

5.1.2 極

定義 5.3 z_0 が $f(z)$ の孤立特異点であり，かつ

$$\lim_{z \to z_0} |f(z)| = \infty \qquad (5.6)$$

である場合，$z = z_0$ を**極**という．

z_0 を除いた $z = z_0$ の近傍で

$$f(z) = \frac{a_{-k}}{(z-z_0)^k} + \cdots + \frac{a_{-1}}{z-z_0} + a_0 + a_1(z-z_0) + \cdots \qquad (a_{-k} \neq 0) \quad (5.7)$$

である関数 $f(z)$ を考えてみよう．k を関数 $f(z)$ の極 $z = z_0$ における**位数**といい，$z = z_0$ を $f(z)$ の「k 位の極」という．実際の多くの関数は式 (5.7) のように展開される．孤立特異点が極である場合，「(極の) 位数」は重要である．

5.1.3 真性(孤立)特異点

定義 5.4 z_0 が $f(z)$ の孤立特異点であり，$z = z_0$ 近傍で有界ではないが $z = z_0$ が極でもないとき，$z = z_0$ を $f(z)$ の**真性(孤立)特異点**という．

真性 (孤立) 特異点の具体例としては，たとえば z_0 を除いた $z = z_0$ のまわりで

$$f(z) = \sum_{n=-\infty}^{\infty} a_n(z-z_0)^n$$
$$= \cdots + \frac{a_{-n}}{(z-z_0)^n} + \cdots + \frac{a_{-1}}{z-z_0} + a_0 + a_1(z-z_0) + \cdots \quad (5.8)$$

と書けて，$a_{-n} \neq 0(n > 0)$ となる負べき項が無限にあるとする．このとき z_0 は真性 (孤立) 特異点である．逆に，真性 (孤立) 特異点は必ず式 (5.8) のように表すことが示される．この一般論は 7.3.2 項で行う．

z_0 が真性 (孤立) 特異点である場合，z_0 に収束する数列 $\{z_n\}$ を適当にとると，$f(z_n)$ は無限大を含めて任意の複素数値をとる．このことは Weierstrass の定理とよばれる．

定理 5.1 [Weierstrass（ワイエルシュトラス）の定理] $z = z_0$ が $f(z)$ の真性 (孤立) 特異点ならば，z_0 の近傍の任意に小さい領域 $0 < |z - z_0| < \delta$ 内で，$f(z)$ は任意の複素数値にいくらでも近い値をとる．

(証明) γ を任意の複素数とする．任意の正数 ε に対して適当な正数 δ が存在し，$0 < |z - z_0| < \delta$ に対して $|f(z) - \gamma| < \varepsilon$ となることを示せばよい．これを背理法で示す．$0 < |z - z_0| < \delta$ であるとき，ある値 $m > 0$ に対して $|f(z) - \beta| \geq m$ であるようなある複素数値 β が存在するとする．このとき

$$\phi(z) \equiv \frac{1}{f(z) - \beta} \quad (5.9)$$

は領域 $0 < |z - z_0| < \delta$ 内で $|\phi(z)| \leq 1/m$ である．すなわち $\phi(z)$ は $z = z_0$ を除くそのまわりで正則で有界である．ゆえに，$\lim_{z \to z_0} \phi(z)$ は有限な値に収束する．ここで

$$f(z) = \beta + \frac{1}{\phi(z)} \quad (5.10)$$

を次の 2 つの場合に分けて考えることができる．

(1) $\phi(z) \to 0 \ (z \to z_0)$ ならば $|f(z)|$ は無限大に発散する．
(2) $\phi(z) \to$ (0 でない有界値)$(z \to z_0)$ ならば $f(z)$ は収束する．

z_0 は第 1 の場合は $f(z)$ の極，第 2 の場合には除きうる特異点となる．これは真性 (孤立) 特異点の定義と矛盾する．よって仮定は否定された． ∎

次に Weierstrass の定理よりさらに厳しい定理をあげておこう．証明は，たとえば参考文献 [7] を参照されたい．

定理 5.2 [Picard (ピカール) の定理] $f(z)$ が $0 < |z - z_0| < \rho$ で 1 価正則で，$z = z_0$ が真性 (孤立) 特異点であるならば，$f(z)$ はたかだか 1 つの値を除き，すべての有限な複素数値をこの領域内で無限回とる．

例 5.2 具体的な例を見ることにより，Picard の定理の意味を理解することとしよう．複素関数

$$f(z) = \exp\left(\frac{1}{z}\right) \tag{5.11}$$

を考えよう．これは $z = 0$ の近傍で

$$f(z) = 1 + \frac{1}{z} + \frac{1}{z^2} + \cdots + \frac{1}{z^n} + \cdots \tag{5.12}$$

と展開されるから，$z = 0$ は真性 (孤立) 特異点である．a を任意の複素数値とする．$f(z) = a$ とする z は

$$z_n = \frac{1}{\log a} = \frac{1}{\ln|a| + \mathrm{i}(\mathrm{Arg}\, a + 2\pi n)} \tag{5.13}$$

である．すなわち点列 $\{z_n\}$ 上で $f(z)$ は値 a をとる．$n \to \infty$ とすると，$z_n \to 0$ である．ただし $f(z)$ は 0 となることだけはない．したがって $\exp(1/z)$ は $z = 0$ の近傍で 0 を除いた任意の複素数値を無限回とる． ◁

例 5.3 e^z, $\sin z$ では，$z = \infty$ は真性 (孤立) 特異点である．これ以外の任意の点，すなわち複素平面上の原点から有限の距離にある任意の点でこれらの関数は正則である． ◁

5.2 集 積 特 異 点

5.1.3 項に述べた真性 (孤立) 特異点以外にも真性特異点が存在する．たとえば

$$f(z) = \mathrm{cosec}\, \frac{1}{z} = \frac{1}{\sin \frac{1}{z}} \tag{5.14}$$

の特異点は $z = 1/n\pi$ $(n = \pm 1, \pm 2, \cdots)$ で，これらは n が有限の値であれば1位の極である．$z = 0$ の近傍にこれらの特異点(極)は無数に存在する．$z = 0$ を中心として特異点を内部に含まないような円を考えることはできない．このような点 $z = 0$ を**集積特異点**といい，やはり真性特異点の1つに数える．集積特異点の近傍では，式 (5.8) のような展開はできない．

5.3 分　岐　点

関数 $w = f(z)$ を考えよう．べき乗根および対数関数の項で，複素 z 平面上で $z = z_0$ のまわりを 2π だけ回ってもとの点に戻っても，w がもとの値に戻らない点が現れた．このような点 z_0 を**分岐点**とよぶ．もう少し詳しく分岐点について考えよう．

例 5.4 $w = f(z) = z^{1/2}$ を考える．図 5.1 に示すように複素 z 平面における単位円上を点 $z = 1$ を始点として z を動かそう．関数 $z^{1/2}$ は2価関数であり，$z = 1$ の偏角としては 0 と 2π を考えることができる．したがって $1^{1/2}$ は 1 (偏角 0) か -1 (偏角 π) である．

(1) まず $z = 1$ のとき $z^{1/2}$ の偏角は 0 と決める (点 A)．これは $z = 1$ といったとき，偏角 0 の方を選んだことを意味している．$z = e^{i\theta}$ と書いて θ を 0 から増していく．

(2) z が偏角 0 で出発して原点のまわりを π だけ回ると，$\arg z = \pi$ となり (点 B)，

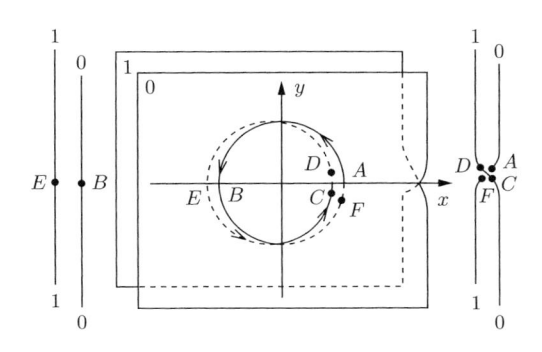

図 **5.1**　$z^{1/2}$ の切断と Riemann 面

w は $(-1)^{1/2} = (e^{i\pi})^{1/2} = e^{i\pi/2} = i$ である.

(3) さらに z が原点のまわりを π だけ回れば, $\arg z = 2\pi$, $z = 1$ となり (点 C), w は $(1)^{1/2} = (e^{i2\pi})^{1/2} = e^{i\pi} = -1$ である. ここで, $z = 1$ であるが $(1)^{1/2} = -1$ である方 (点 D) につながった.

(4) さらに原点を 1 周して $\arg z = 4\pi$, $z = 1$ となる (点 F) と, w は $(1)^{1/2} = (e^{i4\pi})^{1/2} = e^{i2\pi} = 1$ となり, w は出発の値に戻り, z は点 A につながる.

◁

上の例,$z^{1/2}$ では $z = 0$ のまわりを 2 周して関数値がもとの値に戻った.ここで z の偏角は 0 から 4π まで変化したが,$0 < \arg z \leq 2\pi$ の点と $2\pi < \arg z \leq 4\pi$ の点は z 平面上で同じであっても関数値 $f(z) = z^{1/2}$ は異なる.この 2 組の z を別のものと考えて,$0 < \arg z \leq 2\pi$ に対応する z 平面と $2\pi < \arg z \leq 4\pi$ に対応する z 平面の 2 つの z 平面を考えるのが Riemann 面である.$z^{1/2}$ では z 平面が 2 つあるから 2 葉 Riemann 面とよぶ.

$z^{1/2}$ の分岐点は $z = 0$ と $z = \infty$ がある.2 つの z 平面で,2 つの分岐点 $z = 0$ と $z = \infty$ の間に切込み—**切断**を入れる.いまは実軸の右半分を切断とするが,原点から始まり無限遠に至るどのような曲線であっても構わない.関数の値は第 1 の z 平面の $\arg z = 2\pi$ と第 2 の z 平面の $\arg z = 2\pi$ では同じであるから,ここは糊づけする.さらに第 2 の z 平面の $\arg z = 4\pi$ と第 1 の z 平面の $\arg z = 0$ でも関数値は同じであるからここは糊づけする.このようにして z と $z^{1/2}$ を 1 対 1 に対応づける (2 葉) Riemann 面が得られる.

例 5.5 分岐点がより多い場合にはさらに複雑である.

$$w = (z-1)^{1/2}(z-2)^{1/2} \tag{5.15}$$

と

$$w = (z-1)^{1/2}(z-2)^{1/3} \tag{5.16}$$

を考えよう.

第 1 の場合,$w = (z-1)^{1/2}(z-2)^{1/2}$ は $z = \infty$ は分岐点ではなく,$z = 1$,$z = 2$ のみが分岐点である.なぜなら $z = 1/\zeta$ とすると

$$w = \left(\frac{1}{\zeta} - 1\right)^{1/2}\left(\frac{1}{\zeta} - 2\right)^{1/2} = \frac{1}{\zeta}(1-\zeta)^{1/2}(1-2\zeta)^{1/2}$$

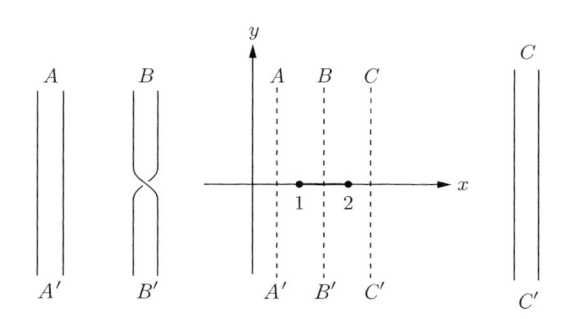

図 5.2　$w = (z-1)^{1/2}(z-2)^{1/2}$ の Riemann 面．分岐点は $z=1$ と $z=2$ であり，切断は $z=1$ と $z=2$ を結ぶ線分を選ぶ．

であり，$\zeta = 0$ ($z = \infty$) は分岐点ではなく極になっている．したがって切断としては $z=1$ と $z=2$ をつなぐ線分を選べばよい．図 5.2 に Riemann 面を示す．

第 2 の場合，$w = (z-1)^{1/2}(z-2)^{1/3}$ は分岐点は $z = 1, 2, \infty$ である．そのために切断は $z=1$ と $z=\infty$ を結ぶ半直線 ($z=1$ から出て左側に延びる半直線) と $z=2$ と $z=\infty$ を結ぶ半直線 ($z=2$ から出て右側に延びる半直線) の 2 つを選ぶ．$z=1$ および $z=2$ のまわりはそれぞれ 2 周，3 周するともとの値に戻る．$z=\infty$ のまわりは 6 周しないともとの値には戻らない．それをもう少し直接に見てみよう．$z = 1/\zeta$ と変数変換すると，

$$w = \left(\frac{1}{\zeta} - 1\right)^{1/2} \left(\frac{1}{\zeta} - 2\right)^{1/3} = \frac{1}{\zeta^{5/6}}(1-\zeta)^{1/2}(1-2\zeta)^{1/3}$$

となる．これが $\zeta^{5/6}$ の項を含むことから $\zeta = 0$ つまり $z = \infty$ は分岐点となっていて，かつ $\zeta = 0$ のまわりでは 6 周して関数 w の偏角は，はじめてもとに戻ることがわかる．したがって 6 枚の z 平面が必要になり，それらを切断の部分でつないでゆく．図 5.3 に Riemann 面を示す．

図 5.2 と図 5.3 を比べてみると，第 1 の場合と第 2 の場合では関数の形は似ているように見えるが，分岐点は異なり，切断の入れ方がまったく違う．したがって Riemann 面の構造がまったく異なることが理解できる．　　　　　　　　　　　　　▷

べき関数の指数が有理数であるとき，Riemann 面をつくる z 平面は有限枚である．この場合の分岐点を**代数的分岐点**という．べき指数が有理数でないときおよび対数関数 $w = \log z$ などでは無限多価関数となり，無限枚の z 平面が Riemann

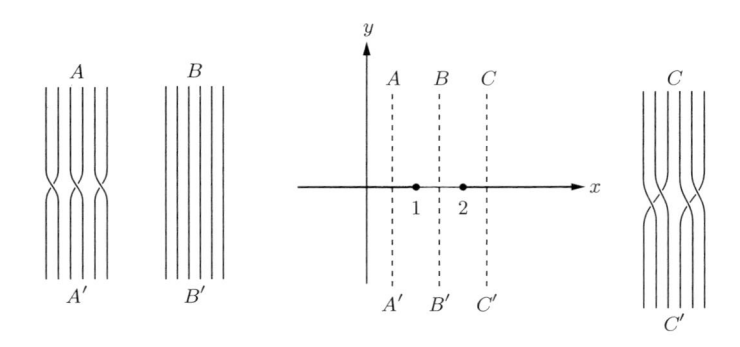

図 5.3 $w = (z-1)^{1/2}(z-2)^{1/3}$ の Riemann 面. 分岐点は $z = 1, 2, \infty$ であり, 切断は $z = 1$ と $z = \infty$ を結ぶ半直線および $z = 2$ と $z = \infty$ を結ぶ半直線を選ぶ.

面を構成する. このような分岐点を**対数的分岐点**とよぶ. 代数的分岐点の場合にはそのまわりを同じ方向に何周かすることにより道筋は閉じさせることができる. しかし対数的分岐点の場合, Riemann 面上で閉じた閉曲線をつくるには分岐点を一方向にのみ回るのではなく, 反対方向にも同じ回数だけ回らなくてはならない.

6 複 素 積 分

本章では複素関数の積分について線積分により定義し，その豊かな性質について学ぶ．それらの根幹をなすのが Cauchy の積分定理とそれに続く留数の定理である．留数の定理を用いると，定積分が容易に求められることも多い．複素積分を用いると，複素関数についてのさらに深く広い世界が開かれる．

6.1 Jordan 閉曲線と正則領域の形

実変数 t をパラメータとして，点 $z = z(t)$ が複素 z 平面上を連続に動き，1つの曲線を描くとしよう．$a \leq t \leq b$ として $z(a)$ を始点，$z(b)$ を終点という．$z(a) = z(b)$ のとき，この曲線を閉曲線という．端点を除いて $t_1 \neq t_2$ であるとき $z(t_1) \neq z(t_2)$，すなわち自分自身と交わらない曲線を **Jordan** (ジョルダン) **曲線**という．$z(a) = z(b)$ である Jordan 曲線を Jordan 閉曲線という．

Jordan 閉曲線により複素平面は 2 つの部分に分けられる．有界な領域を**内部**，有界でない他方を**外部**という．また Jordan 閉曲線上を，内部を左側に見て進む方向を**正の向き**，その反対の向きを**負の向き**という．領域 D 内で，Jordan 閉曲線を連続に変形して一点に収縮することができる場合，この領域 D は**単連結**であると

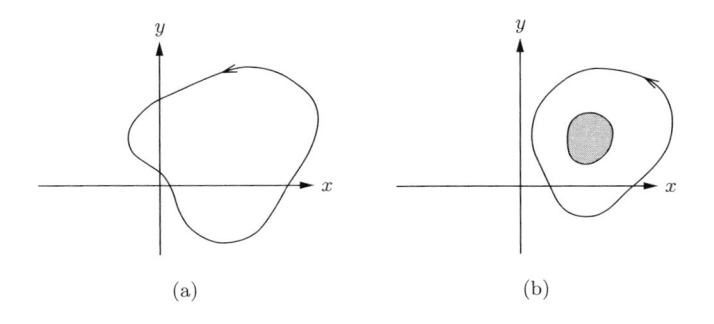

図 6.1 Jordan 閉曲線と空間領域．(a) 単連結領域．(b) 多重連結領域．この図では影の部分が領域 D に含まれない．

$- 83 -$

いう．単連結でない領域を**多重連結**という (図 6.1)．混乱のない場合には Jordan 閉曲線を単に閉曲線ということもある．

6.2 複素積分の定義

複素平面内の定められた曲線に沿った複素関数の積分 (複素積分) を定義しよう．領域 D 内で連続な複素関数 $f(z)$ が定義され，またこの領域内に連続曲線 C がある．連続曲線 C は滑らかな曲線またはそれの有限個の接合であるとする．このような曲線を**区分的に滑らかな曲線**という．以下では積分路はすべて区分的に滑らかであるとする．

C の始点を z_0，終点を z とする．C の上で z_0 と z の間に順に分点 $z_1, z_2, \cdots, z_{N-1}$ をとり，この分割を

$$\Delta = \{z_0, z_1, z_2, \cdots, z_{N-1}, z_N = z\} \tag{6.1}$$

と表す．分割 Δ に対して z_{j-1} と z_j との間の任意の点を ζ_j とし，有限和

$$S_\Delta = \sum_{j=1}^{N} f(\zeta_j)(z_j - z_{j-1}) \tag{6.2}$$

を考える (図 6.2)．

定義 6.1 分割 Δ の分点を無限に多くし，かつ $z_j z_{j-1}$ の間隔を無限に小さくしたとき，連続関数 $f(z)$ に対して，和 S_Δ の極限値は有限かつ一意的に決まるとき，

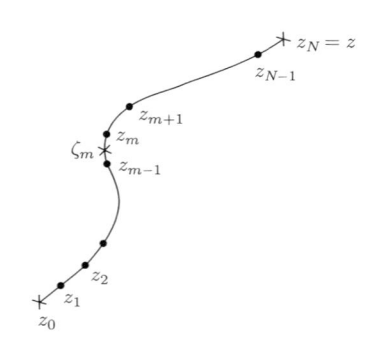

図 **6.2** 曲線 C の分割 Δ

「$f(z)$ は複素積分可能である」といい，この値を**複素積分**という．この複素積分を

$$\int_C f(z)\,\mathrm{d}z = \lim_{\delta \to 0} \sum_{j=1}^{N} f(\zeta_j)(z_j - z_{j-1}) \tag{6.3}$$

と書く．ここで $\delta = \max|z_j - z_{j-1}|$ である．$\delta \to 0$ に伴い分割の数 N は無限大となる．曲線 C を，始点および終点とともに向きまでを含めて**積分路**という．積分路 C が Jordan 閉曲線であるとき，曲線の向きに従って，積分の向きも正の向き，負の向きという．積分路 C が Jordan 閉曲線を正の向きに動く**閉じた積分路**であるとき，これを

$$\oint_C f(z)\,\mathrm{d}z \tag{6.4}$$

と書く．

複素関数 $f(z)$ が連続であるならば，和 S_Δ の $\delta = \max|z_j - z_{j-1}| \to 0$ の極限値が有限の値に確定することを示そう．z_j, ζ_j および $f(\zeta_j)$ の実部，虚部を

$$z_j = x_j + \mathrm{i}y_j, \qquad \zeta_j = \xi_j + \mathrm{i}\eta_j, \qquad f(\zeta_j) = u_j + \mathrm{i}v_j$$

と書くことにする．S_Δ を書き直して

$$\begin{aligned}
S_\Delta &= \sum_{j=1}^{N} f(\zeta_j)(z_j - z_{j-1}) \\
&= \sum_{j=1}^{N} \{[u_j(x_j - x_{j-1}) - v_j(y_j - y_{j-1})] \\
&\qquad + \mathrm{i}[v_j(x_j - x_{j-1}) + u_j(y_j - y_{j-1})]\}
\end{aligned} \tag{6.5}$$

を得る．パラメータ s を用いて，曲線 C を

$$C : x = x(s), \qquad y = y(s) \qquad (a \leq s \leq b) \tag{6.6}$$

と表す．

$$\begin{aligned}
z_j - z_{j-1} &= z(s_j) - z(s_{j-1}) \approx \frac{\mathrm{d}z}{\mathrm{d}s}(s_j - s_{j-1}) \\
x_j - x_{j-1} &= x(s_j) - x(s_{j-1}) \approx \frac{\mathrm{d}x}{\mathrm{d}s}(s_j - s_{j-1}) \\
y_j - y_{j-1} &= y(s_j) - y(s_{j-1}) \approx \frac{\mathrm{d}y}{\mathrm{d}s}(s_j - s_{j-1})
\end{aligned}$$

であるから，上の和は

$$S_\Delta = \sum_j \left(u_j \frac{\mathrm{d}x}{\mathrm{d}s} - v_j \frac{\mathrm{d}y}{\mathrm{d}s}\right)(s_j - s_{j-1}) + \mathrm{i}\sum_j \left(v_j \frac{\mathrm{d}x}{\mathrm{d}s} + u_j \frac{\mathrm{d}y}{\mathrm{d}s}\right)(s_j - s_{j-1}) \tag{6.7}$$

と書き直される．

$$\begin{aligned} u(x(s), y(s))\frac{\mathrm{d}x}{\mathrm{d}s} - v(x(s), y(s))\frac{\mathrm{d}y}{\mathrm{d}s} \\ v(x(s), y(s))\frac{\mathrm{d}x}{\mathrm{d}s} + u(x(s), y(s))\frac{\mathrm{d}y}{\mathrm{d}s} \end{aligned} \tag{6.8}$$

は区分的に s の連続関数であるから，式 (6.7) の S_Δ は分割の方法によらず極限 $\delta \to 0$, $|s_j - s_{j-1}| \to 0$ で有限値に確定する (1 変数の「Riemann 積分の定理」については参考文献 [1] を参照)．これを

$$\lim S_\Delta = \int_a^b \left(u\frac{\mathrm{d}x}{\mathrm{d}s} - v\frac{\mathrm{d}y}{\mathrm{d}s}\right)\mathrm{d}s + \mathrm{i}\int_a^b \left(v\frac{\mathrm{d}x}{\mathrm{d}s} + u\frac{\mathrm{d}y}{\mathrm{d}s}\right)\mathrm{d}s \tag{6.9}$$

と書き，曲線 C に沿う線積分という．またこれを

$$\lim S_\Delta = \int_C (u\,\mathrm{d}x - v\,\mathrm{d}y) + \mathrm{i}\int_C (v\,\mathrm{d}x + u\,\mathrm{d}y) = \int_C f(z)\,\mathrm{d}z \tag{6.10}$$

と書く．これが複素平面上の積分路 C に沿った複素積分である．

例 6.1 始点を $z = 0$, 終点を $z = 1 + \mathrm{i}$ とする以下のように 3 つの積分路 (図 6.3) に沿って，関数 $f(z) = z$ を定義に従って積分してみよう．

(1) $C_1 : 0 \to 1 \to 1 + \mathrm{i}$
(2) $C_2 : 0 \to 1 + \mathrm{i}$
(3) $C_3 : 0 \to \sqrt{2} \xrightarrow{\text{円弧}} 1 + \mathrm{i}$

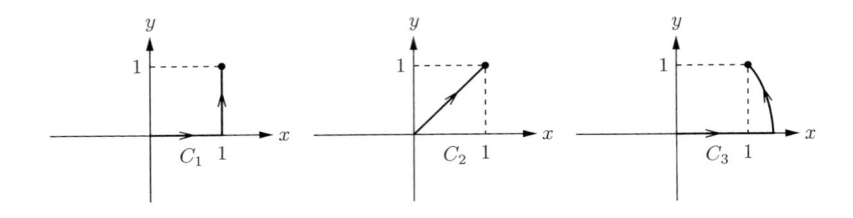

図 **6.3** 積分路 C_1, C_2, C_3

C_1 上では，$0 \to 1$ の部分では $z = x$ だから $dz = dx$, $1 \to 1+i$ では $z = 1+iy$ だから $dz = i\,dy$.

C_2 上では $z = (1+i)s$ と書いて $dz = (1+i)\,ds$ となる.

C_3 上では $0 \to \sqrt{2}$ の部分では $z = x$ だから $dz = dx$, $\sqrt{2} \to 1+i$ の円弧上では $z = \sqrt{2}e^{i\theta}$ と書いて $dz = i\sqrt{2}e^{i\theta}d\theta$ である.

(1) $\displaystyle\int_{C_1} z\,dz = \int_0^1 x\,dx + i\int_0^1 (1+iy)\,dy = \frac{1}{2} + i\left(1 + i\frac{1}{2}\right) = i$

(2) $\displaystyle\int_{C_2} z\,dz = \int_0^1 (1+i)s(1+i)\,ds = (1+i)^2\frac{1}{2} = i$

(3) $\displaystyle\int_{C_3} z\,dz = \int_0^{\sqrt{2}} x\,dx + \int_0^{\pi/4} \sqrt{2}\,e^{i\theta}\,i\sqrt{2}\,e^{i\theta}\,d\theta = 1 + (i-1) = i$

いずれの積分路についても答は i となる. ◁

注意 6.1 単連結領域における正則関数の積分は積分路によらず，始点と終点だけを決めれば定まる．詳しくは 6.4.2 項で述べる． ◁

もう 1 つ別の例を考えよう．

例 6.2 始点を $z = 1$，終点を $z = 1$ として単位円周上を正の向きに 1 周積分する積分路で $f(z) = 1/z$ を積分する (図 6.4)．単位円周上では $z = e^{i\theta}$ とおいて，$dz = ie^{i\theta}d\theta$ であるから

$$\oint_{|z|=1} \frac{1}{z}\,dz = \int_0^{2\pi} \frac{1}{e^{i\theta}} ie^{i\theta}d\theta = i\int_0^{2\pi} d\theta = 2\pi i \tag{6.11}$$

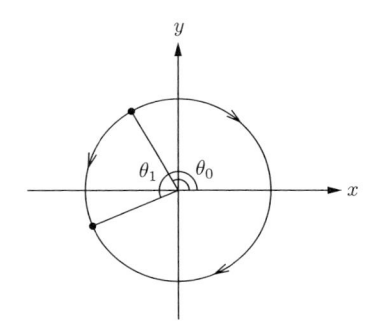

図 **6.4** 単位円周上の積分

となる．ここでは積分路が Jordan 閉曲線であることを示して $\oint$ という記号を用いている．複素平面上で極 ($z = 0$) を内側に見た1周積分の値がゼロでない値を与えていることに注意しておこう．

次に $z = e^{i\theta_0}$ から出発して $z = e^{i\theta_1}$ (または $e^{-i(2\pi - \theta_1)}$) まで単位円周上を正 (または負) の向きに回る ($e^{i\theta_1} = e^{-i(2\pi - \theta_1)}$). $z = e^{i\theta}$, $dz = iz\,d\theta$ であるから

$$\int_{\theta=\theta_0}^{\theta=\theta_1} \frac{1}{z}\,dz = i\int_{\theta_0}^{\theta_1} d\theta = i(\theta_1 - \theta_0) \tag{6.12a}$$

$$\int_{\theta=\theta_0}^{\theta=-(2\pi-\theta_1)} \frac{1}{z}\,dz = i\int_{\theta_0}^{-2\pi+\theta_1} d\theta = i(\theta_1 - \theta_0 - 2\pi) \tag{6.12b}$$

この例では z 平面上で始点も終点も同じであるが積分路は違い，積分の値も異なる．極 $z = 0$ を回る単位円周を考えると，第1の積分はその上を正の向きに，第2の積分は負の向きに回っている．第1の積分路を回り，その後第2の積分路を反対に回れば，結果的に単位円周上を1周することになる．

$$\int_{\theta=\theta_0}^{\theta=\theta_1} \frac{1}{z}\,dz - \int_{\theta=\theta_0}^{\theta=-(2\pi-\theta_1)} \frac{1}{z}\,dz = \oint_{|z|=1} \frac{1}{z}\,dz = 2\pi i \tag{6.13}$$

◁

例 6.1 のように，z 平面上 A から B までの複素積分が積分路によらず，点 A, B のみによって決まっている場合を考えることにしよう．A から B へ至る交わらない2つの積分路 C_1 と C_2 を考える (図 6.5)．

$$\int_{A(C_1)}^{B} f(z)\,dz = \int_{A(C_2)}^{B} f(z)\,dz \tag{6.14}$$

であるから

$$\int_{A(C_1)}^{B} f(z)\,dz - \int_{A(C_2)}^{B} f(z)\,dz = \left(\int_{A(C_1)}^{B} + \int_{B(-C_2)}^{A}\right) f(z)\,dz = 0 \tag{6.15}$$

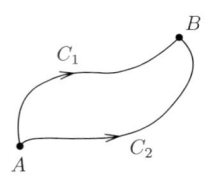

図 6.5　点 A から点 B に至る2つの積分路 C_1, C_2

となる．ここで C_2 を逆にたどる B から A への積分路を $-C_2$ と書いた．積分の定義 (6.3) により積分路を逆にする負符号が付く．A から B に C_1 を通り，さらに B から A に $(-C_2)$ をたどって戻る積分路を C と書くと C は閉曲線であり，式 (6.15) は書き直されて

$$\oint_C f(z)\,\mathrm{d}z = 0 \tag{6.16}$$

となる．上の議論から次の結論が得られる．

定理 6.1 ある領域内での複素積分が積分路によらず始点と終点のみで決まるということは，その領域内の任意の Jordan 閉曲線を積分路とした 1 周積分が 0 ということである．

6.3 複素積分の基本的性質

複素積分の基本的性質を以下にまとめておこう．ただし関数 $f(z)$, $g(z)$ は連続関数であり，積分路は区分的に滑らかであるとする．

(1) 定義から，積分に関する線形性が成り立つ．すなわち，a を複素定数として

$$\int_C [f(z) \pm g(z)]\,\mathrm{d}z = \int_C f(z)\,\mathrm{d}z \pm \int_C g(z)\,\mathrm{d}z \tag{6.17}$$

$$\int_C a f(z)\,\mathrm{d}z = a \int_C f(z)\,\mathrm{d}z \tag{6.18}$$

である．

(2) 点 A から点 B に至る積分路を C，同じ曲線上を B より A に至る積分路を $-C$ と書く．積分路 C および $-C$ に沿った積分について以下の式が成り立つ．

$$\int_{-C} f(z)\,\mathrm{d}z = -\int_C f(z)\,\mathrm{d}z \tag{6.19}$$

すなわち積分路を逆にすると，複素積分の値には負符号が付く．

(3) 滑らかな積分路 C はパラメータ s を用いて $z = z(s)$ $(a \leq s \leq b)$ と書かれるとする．このとき

$$\left|\int_C f(z)\,\mathrm{d}z\right| \leq \int_a^b |f(z(s))||z'(s)|\,\mathrm{d}s \equiv \int_C |f(z)||\mathrm{d}z| \tag{6.20}$$

が成り立つ．

(1), (2) の性質はすでに説明した．(3) の性質，すなわち不等式 (6.20) を証明しよう．

(証明) 式 (6.20) の不等式の左辺は

$$\left|\lim \sum_j f(z(t_j)) \frac{\mathrm{d}z(t_j)}{\mathrm{d}s}(s_j - s_{j-1})\right| \tag{6.21}$$

右辺は

$$\lim \sum_j |f(z(t_j))| \left|\frac{\mathrm{d}z(t_j)}{\mathrm{d}s}\right|(s_j - s_{j-1}) \tag{6.22}$$

である．ただし $s_{j-1} < t_j < s_j$．一般に成立する複素数 a_j の不等式

$$\left|\sum_j a_j\right| \leq \sum_j |a_j|$$

を式 (6.21) と式 (6.22) に当てはめれば，式 (6.20) の不等式を得る． ∎

6.4 Cauchy の積分定理

以下に示す **Cauchy**（コーシー）**の積分定理**は，$f(z)$ の 1 価正則性すなわち f の微分可能性 ($f = u + \mathrm{i}v$ の u_x, u_y, v_x, v_y の存在) のみから導かれる．この定理は複素関数の積分に関する諸性質の根幹をなす．

6.4.1 Cauchy の積分定理

定理 6.2（Cauchy の積分定理） 単連結領域 D において $f(z)$ は 1 価正則であり，Jordan 閉曲線 C は D 内にある．このとき

$$\oint_C f(z)\,\mathrm{d}z = 0 \tag{6.23}$$

が成立する．

$f(z) = u + \mathrm{i}v$ の正則性 (微分可能性) とともに，議論を簡単に行うために最初は偏微分係数 u_x, u_y, v_x, v_y の連続性を仮定して証明する．このように仮定すれば，

Green の定理を用いて積分定理を証明することができる. (これは Cauchy 自身による証明である.)

注意 6.2（Green の定理） $f(x,y)$ および f_x, f_y が 2 次元領域内で連続であるとする. このとき領域内を正の向きに 1 周する積分路を C, その内部を D とすると

$$\iint_D f_y(x,y)\,\mathrm{d}x\,\mathrm{d}y = -\oint_C f(x,y)\,\mathrm{d}x$$
$$\iint_D f_x(x,y)\,\mathrm{d}x\,\mathrm{d}y = \oint_C f(x,y)\,\mathrm{d}y$$

である. C が $y = y_1(x); a \leq x \leq b$ および $y = y_2(x); a \leq x \leq b$ で, 常に $y_1(x) \leq y_2(x)$ (図 6.6) であれば第 1 式の証明は容易である. そうでないときには, 領域 D を上の条件を満たす小領域に分割する.

上の条件から積分は

$$\iint_D f_y\,\mathrm{d}x\,\mathrm{d}y = \int_a^b \mathrm{d}x \int_{y_1}^{y_2} f_y\,\mathrm{d}y$$
$$= \int_a^b \mathrm{d}x\,[f(x,y_2(x)) - f(x,y_1(x))] = -\oint_C f(x,y)\,\mathrm{d}x$$

となる. すなわち第 1 式が示された. ここで符号に注意してほしい. また積分路 C が $x = x_1(y), c \leq y \leq d$ および $x = x_2(y), c \leq y \leq d$ かつ $x_1(y) \leq x_2(y)$ であれば, 同様に次の第 2 式が示される.

$$\iint_D f_x\,\mathrm{d}x\,\mathrm{d}y = \int_c^d \mathrm{d}y[f(x_2(y),y) - f(x_1(y),y)] = \oint_C f(x,y)\,\mathrm{d}y$$

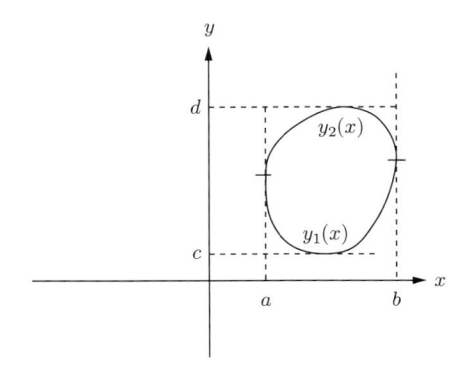

図 **6.6** Green の定理

以上2つの式から
$$\iint_D \left(\frac{\partial g}{\partial x} - \frac{\partial f}{\partial y}\right) dx\, dy = \oint_C (f\, dx + g\, dy)$$
を得る．これが **Green**（グリーン）**の定理**である． ◁

（証明）[**Green** の定理を用いた **Cauchy** の定理の証明] 式 (6.10) に Green の定理を用いて書き直す．
$$\begin{aligned}\oint_C f(z)\, dz &= \oint_C (u\, dx - v\, dy) + i \oint_C (v\, dx + u\, dy) \\ &= \int_D (-v_x - u_y)\, dx\, dy + i \int_D (u_x - v_y)\, dx\, dy \end{aligned} \quad (6.24)$$

ここで Cauchy–Riemann の関係 $u_x = v_y,\ v_x = -u_y$ [式 (2.15)] を用いると，式 (6.24) の最後の式は積分の中が恒等的に 0 となる．これらをまとめて
$$\oint_C f(z)\, dz = 0$$
を得る． ∎

以上が Green の定理を用いた Cauchy の積分定理の証明である．しかし，後で Cauchy の定理から $f(z)$ の無限回連続微分可能性を導くが，Cauchy の積分定理の証明に u_x などの連続性を仮定してしまうと循環論法になってしまう．それを避けるために，u_x, u_y, v_x, v_y の存在のみを仮定し，連続性は仮定しない証明も示すことにしよう．

（証明）[u_x などの連続性を仮定しない **Cauchy** の積分定理の証明] 簡単のため積分路 C は閉じた三角形とする．一般の曲線の場合は小さな三角形に分割すればよい．正則関数 $f(z)$ は微分可能であるから，領域内にある任意の点 z_0 のまわりで展開され，
$$f(z) = f(z_0) + f'(z_0)(z - z_0) + \gamma \quad (6.25)$$
と表される．γ は $|z - z_0| \to 0$ としたとき，それより速く 0 になる複素数である．したがって任意の正数 ε に対して適当な正数 δ を選んで $|z - z_0| < \delta$ であるすべての z に対して
$$|f(z) - [f(z_0) + f'(z_0)(z - z_0)]| < \varepsilon |z - z_0| \quad (6.26)$$

かつ，$|z-z_0| \to 0$ のとき $\varepsilon \to 0$ とすることができる．複素積分の性質 (3)[式 (6.20)] により，領域内の z_0 を含む小さな領域を囲む Jordan 閉曲線 C' に沿って

$$\left|\oint_{C'} \mathrm{d}z\{f(z) - [f(z_0) + f'(z_0)(z-z_0)]\}\right| < \varepsilon \oint_{C'} |\mathrm{d}z||z-z_0| \tag{6.27}$$

である．例 6.1 で示したように 1 次式の積分は積分路によらないから，左辺 [ ] 内を 1 周積分した結果は

$$\oint_{C'} [f(z_0) + f'(z_0)(z-z_0)] \, \mathrm{d}z = 0$$

となる．これから

$$\left|\oint_{C'} f(z) \, \mathrm{d}z\right| < \varepsilon \int_{C'} |z-z_0||\mathrm{d}z| \tag{6.28}$$

を得る．微小領域を囲む曲線 C' の長さを l とすると $|z-z_0| < l$ であるから

$$\left|\oint_{C'} f(z) \, \mathrm{d}z\right| < \varepsilon l^2 \tag{6.29}$$

である．

三角形積分路 C をその各辺を 2 等分する点を結び 4 つの等しい面積の三角形 ($C_1^{(1)}, C_1^{(2)}, C_1^{(3)}, C_1^{(4)}$) に分ける (図 6.7)．$C$ に沿う積分は 4 つの三角形それぞれの周に沿う積分の和となる．

$$\oint_C = \oint_{C_1^{(1)}} + \oint_{C_1^{(2)}} + \oint_{C_1^{(3)}} + \oint_{C_1^{(4)}} \tag{6.30}$$

積分の絶対値が最大値をとる三角形を $C_1^{(1)}$ とすると

$$\left|\oint_C f(z) \, \mathrm{d}z\right| \leq \sum_j \left|\oint_{C_1^{(j)}} f(z) \, \mathrm{d}z\right| \leq 4 \left|\oint_{C_1^{(1)}} f(z) \, \mathrm{d}z\right| \tag{6.31}$$

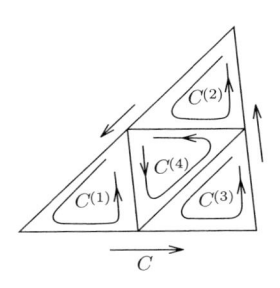

図 **6.7** 三角形積分路 C の分割

である．この手続きを N 回行うと

$$\left|\oint_C f(z)\,\mathrm{d}z\right| \leq 4^N \left|\oint_{C_N^{(1)}} f(z)\,\mathrm{d}z\right| \tag{6.32}$$

となる．先の小さな三角形 C' を $C_N^{(1)}$ として式 (6.29) を考える．このとき C の周の長さを L とすれば $C_N^{(1)}$ の周の長さは $l = 2^{-N}L$ であるから

$$\left|\oint_C f(z)\mathrm{d}z\right| \leq 4^N \cdot \varepsilon 4^{-N} L^2 = \varepsilon L^2 \tag{6.33}$$

となる．$N \to \infty$ とすることで $\varepsilon \to 0$ とできるから，これで $|\oint_C f(z)\,\mathrm{d}z| \to 0$ すなわち $\oint f(z)\,\mathrm{d}z = 0$ を得る． ∎

ここで行った Cauchy の積分定理の証明では，関数の連続性と微分可能性，積分路の分割以外使っていないことを強調しておこう．

これまで Cauchy の積分定理を考える際には，正則領域は単連結であるとした．図 6.8 のような 2 重連結領域では図に示したような正則でない領域 D' を内側に含む 2 つの閉曲線 C_1, C_2 を考える．また C_1 と C_2 をつなぐ積分路 C_0 および，それを逆にたどる $C_0'(-C_0)$ を考える．内側の積分路 C_2 を逆にたどる積分路を $-C_2$ と書く．$C_1, C_0, -C_2, C_0'$ をつないだ積分路は正則領域のみを正の方向に回る閉曲線で，しかも内部も 1 価正則である．したがって

$$\left(\int_{C_1} + \int_{C_0} + \int_{-C_2} + \int_{C_0'}\right) f(z)\,\mathrm{d}z = \oint f(z)\,\mathrm{d}z = 0 \tag{6.34}$$

となる．$f(z)$ は積分路上で 1 価正則であるから C_0 上の $f(z)$ と C_0' 上の $f(z)$ は等しい．C_0 と C_0' では積分の向きは逆であるから

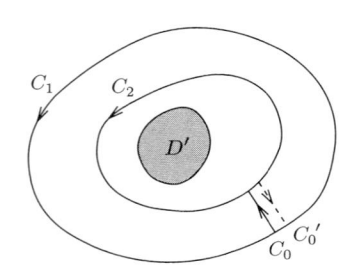

図 **6.8**　2 重連結領域 D と積分路 C_1, C_2

$$\int_{C_0} f(z)\,\mathrm{d}z + \int_{C_0'} f(z)\,\mathrm{d}z = 0 \tag{6.35}$$

となる．また式 (6.19) により

$$\int_{-C_2} f(z)\,\mathrm{d}z = -\int_{C_2} f(z)\,\mathrm{d}z \tag{6.36}$$

である．よって

$$\int_{C_1} f(z)\,\mathrm{d}z = \int_{C_2} f(z)\,\mathrm{d}z \tag{6.37}$$

となる．以上をまとめると次の定理を得る．

定理 6.3 $f(z)$ は領域 D 内で正則であり，D の内側に $f(z)$ が正則でない領域 D' が存在するとする (すなわち D は 2 重連結領域)．D' を内側に含む 2 つの Jordan 閉曲線 C_1, C_2 をとる (図 6.8)．C_1 を領域 D 内で連続的に変形して C_2 に変えることができる．このとき

$$\oint_{C_1} f(z)\,\mathrm{d}z = \oint_{C_2} f(z)\,\mathrm{d}z \tag{6.38}$$

が成り立つ．

$f(z)$ の 1 価正則領域は多重連結であるとする (図 6.9)．このとき Cauchy の定理は次のように一般化される．

定理 6.4 $f(z)$ の 1 価正則領域 D は多重連結で，その内側にある正則でない部分を $D_1, D_2, \cdots$ とする (図 6.9)．D_j を内側に見て，他の非正則領域を内側に含まない正の方向に回る閉じた積分路をそれぞれ C_j とする．また，すべての C_j を内に見て正の方向に進む積分路を C とする．このとき

$$\oint_C f(z)\,\mathrm{d}z = \sum_j \oint_{C_j} f(z)\,\mathrm{d}z \tag{6.39}$$

である．

(証明) 図 6.9 のように積分路 C と C_j の間に往復の積分路 C_j' を付け加える．C_j' は C と C_j を結ぶ限り，どのように加えてもよい．C_j を逆方向に進む積分路を

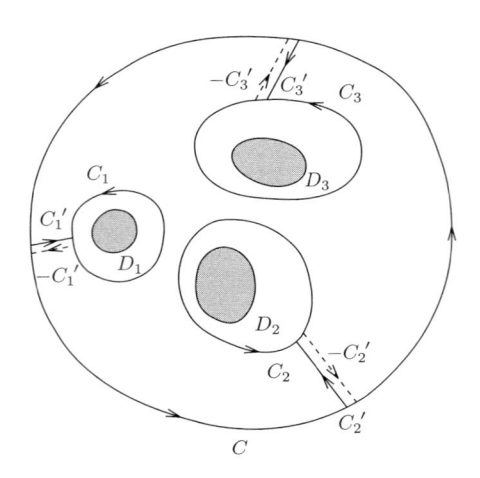

図 6.9　多重連結領域 D と積分路 C_j

$-C_j$ と書くと，C と $-C_j$ および $C_j', -C_j'$ により非正則領域を内側に含まない閉じた積分路ができる．これに対して Cauchy の積分定理を適用すれば

$$\left[\oint_C + \sum_j \left(\oint_{-C_j} + \int_{C_j'} + \int_{-C_j'}\right)\right] f(z)\,\mathrm{d}z = 0$$

C_j' 上と $-C_j'$ 上で $f(z)$ は等しく

$$\left(\int_{C_j'} + \int_{-C_j'}\right) f(z)\,\mathrm{d}z = 0$$

である．よって

$$\oint_C f(z)\,\mathrm{d}z = -\sum_j \oint_{-C_j} f(z)\,\mathrm{d}z = \sum_j \oint_{C_j} f(z)\,\mathrm{d}z$$

を得る． ∎

6.4.2　不定積分とその正則性

以上の議論によれば，単連結正則領域では積分 $\int_a^z f(\xi)\,\mathrm{d}\xi$ は a から z の積分路に依存せず，

$$F(z) = \int_a^z f(\xi)\,d\xi \tag{6.40}$$

と書くことができる.

定義 6.2 $f(z)$ が単連結領域で 1 価正則であるならば,その領域内で定義される積分

$$\int_a^z f(\xi)\,d\xi \tag{6.41}$$

は積分の始点 a,終点 z にのみ依存し,a, z 間の積分路には依存しない.このとき一意的に定まる関数

$$F(z) = \int_a^z f(\xi)\,d\xi \tag{6.42}$$

を $f(z)$ の**原始関数**,あるいは**不定積分**という.

原始関数 $F(z)$ は z を変化させると連続的に変化する.変化量は z の無限小の変化に対してその積分路の長さ程度の大きさである.したがって $F(z)$ は連続で微分可能,すなわち正則である.以上を次の定理の形で述べておく.

定理 6.5 $f(z)$ が単連結領域 D 内で 1 価正則であるとき,その不定積分 $F(z)$ は正則で

$$\frac{dF(z)}{dz} = f(z) \tag{6.43}$$

である.

(証明) $z + \Delta z$ を D 内の点 ($f(z)$ の正則点) とすると

$$\begin{aligned}
F(z + \Delta z) - F(z) &= \int_z^{z+\Delta z} f(\xi)\,d\xi \\
&= f(z)\Delta z + \int_z^{z+\Delta z} [f(\xi) - f(z)]\,d\xi
\end{aligned} \tag{6.44}$$

である.$f(z)$ は連続であるから,任意の正数 ε に対して適当に δ を選べば,$|\xi - z| < \delta$ であるすべての ξ に対して $|f(\xi) - f(z)| < \varepsilon$ とすることができる.したがって

$$\begin{aligned}
\left| \frac{F(z+\Delta z) - F(z)}{\Delta z} - f(z) \right| &= \left| \frac{1}{\Delta z} \int_z^{z+\Delta z} [f(\xi) - f(z)]\,d\xi \right| \\
&\leq \frac{\varepsilon}{|\Delta z|} \left| \int_z^{z+\Delta z} d\xi \right| = \varepsilon
\end{aligned} \tag{6.45}$$

となる．$\Delta z \to 0$ ($\delta \to 0$) とすると $f(z)$ の連続性から $\varepsilon \to 0$ となるので

$$\lim_{\Delta z \to 0} \frac{F(z+\Delta z) - F(z)}{\Delta z} = f(z) \tag{6.46}$$

を得る．よって $F(z)$ は微分可能，正則であり，式 (6.43) が成り立つ． ∎

6.4.3 対数関数の多価性と $1/z$ の積分

関数 $f(z) = 1/z$ は $z = 0$ を極とする．$z = 0$ を含む領域を考えると $f(z)$ は $z = 0$ を除く2重連結領域で1価正則である．始点を z_0 ($0 \leq \arg z_0 < 2\pi$)，終点を z ($0 \leq \arg z < 2\pi$) とする積分路 C_0 は，z_0, z と同じく，偏角が 0 と 2π の間で動くとする (図 6.10a)．C_0 上は $1/z$ の単連結1価正則領域内にあるから，不定積分

$$F(z) = \int_{z_0}^{z} \frac{1}{\xi} d\xi \tag{6.47}$$

が一意的に定まる．したがって

$$F'(z) = \frac{1}{z} \tag{6.48}$$

であるから，$(d/dz)\log z = 1/z$ と比較して

$$F(z) = \log z + a \quad (a : 複素定数) \tag{6.49}$$

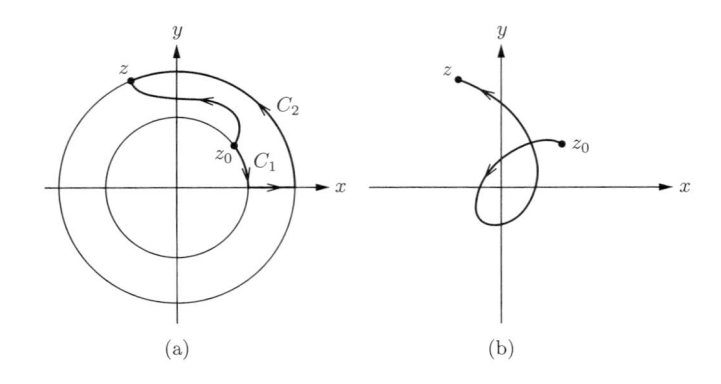

図 **6.10** $1/z$ の積分路

である.

図 6.10a のように,まず半径 $|z_0|$ の円周上を偏角 0 まで戻り (積分路 C_1), 次に実軸上を $|z_0|$ より $|z|$ まで動き,さらに半径 $|z|$ の円周上を正の向きに回って z に至る積分路 (積分路 C_2) を考え,そこで積分を実行しよう.この積分路の全体を L_0 とする.1 価正則領域内で始点と終点を固定したまま積分路を変更しても積分の値は変わらないから,L_0 上の積分は C_0 上の積分の値と同じで,$F(z)$ を与える.したがって

$$F(z) = \int_{z_0(L_0)}^{z} \frac{1}{\xi} d\xi = \int_{C_1} \frac{1}{\xi} d\xi + \int_{|z_0|}^{|z|} \frac{1}{x} dx + \int_{C_2} \frac{1}{\xi} d\xi$$

である.それぞれの積分は

$$\int_{C_1} \frac{1}{\xi} d\xi = -\mathrm{i} \arg z_0 \qquad (0 \leq \arg z_0 < 2\pi)$$

$$\int_{|z_0|}^{|z|} \frac{1}{x} dx = \ln|z| - \ln|z_0|$$

$$\int_{C_2} \frac{1}{\xi} d\xi = \mathrm{i} \arg z \qquad (0 \leq \arg z < 2\pi)$$

これらをまとめれば

$$\int_{z_0(L_0)}^{z} \frac{1}{\xi} d\xi = (\ln|z| + \mathrm{i} \arg z) - (\ln|z_0| + \mathrm{i} \arg z_0) \qquad (0 \leq \arg z < 2\pi) \quad (6.50)$$

と書くことができる.これが $1/z$ の原始関数である.ここでは積分路を一意的に定義して積分を行ったことに注意してほしい.

次に同じく z_0 から z に至る道を考えるが,今度は原点を 1 回正の向きに回った後で z に向かうことにする (図 6.10b).この道を L_1 と名づける.積分路 L_1 では原点のまわりを 2π だけ回っているから,始点の偏角は $0 \leq \arg z_0 < 2\pi$ にあり,終点の偏角は $2\pi \leq \arg z < 4\pi$ にある.積分を行えば

$$\int_{z_0(L_1)}^{z} \frac{1}{\xi} d\xi = \int_{\arg \xi = \arg z_0}^{\arg \xi = 2\pi} \frac{1}{\xi} d\xi + \int_{|z_0|}^{|z|} \frac{1}{x} dx + \int_{\arg \xi = 2\pi}^{\arg \xi = \arg z} \frac{1}{\xi} d\xi$$

$$= \mathrm{i}(2\pi - \arg z_0) + \ln|z| - \ln|z_0| + \mathrm{i}(\arg z - 2\pi)$$

$$= (\ln|z| + \mathrm{i} \arg z) - (\ln|z_0| + \mathrm{i} \arg z_0) \quad (2\pi \leq \arg z < 4\pi) \quad (6.51)$$

である.

さらに原点にまわりを正の方向に n 周する積分路を L_n とする．L_n 上の積分も同じように計算することができ

$$\int_{z_0(L_n)}^{z} \frac{1}{\xi} d\xi = (\ln|z| + i\arg z) - (\ln|z_0| + i\arg z_0),$$
$$2n\pi \leq \arg z < 2(n+1)\pi \tag{6.52}$$

となる．以上の計算で $\ln|z| + i\arg z \ [2n\pi \leq \arg z < 2(n+1)z]$ の部分が $\log z$ の多価性に対応している．つまり $1/\xi$ を z_0 から z まで積分するとき，積分路が原点を何周するかということと対数関数 $\log z$ の多価性が対応していることがわかる．

6.5 留　　　数

6.5.1 留数の定義と留数の定理

複素平面上の Jordan 閉曲線 C があり，その内部に極が 1 つだけ存在する場合を考える．このとき C を正の方向に 1 周した積分路に沿った積分は 0 でない値を与えることがある．

例 6.3 $z = 0$ を (2 位の) 極とした $1/z^2$ を考える．これを円周 $|z| = r$ を積分路として積分する．$z = re^{i\theta}$, $dz = ire^{i\theta}d\theta$ であるから

$$\oint_{|z|=r} \frac{1}{z^2} dz = \int_0^{2\pi} \frac{ire^{i\theta}}{r^2 e^{i2\theta}} d\theta = \frac{i}{r} \int_0^{2\pi} e^{-i\theta} d\theta = -\left.\frac{e^{-i\theta}}{r}\right|_0^{2\pi} = 0 \tag{6.53}$$

この場合は積分の値は 0 となる． ◁

例 6.4 $z = 0$ を (1 位の) 極とする $1/z$ を考えて同じ積分をしよう．

$$\oint_{|z|=r} \frac{dz}{z} = \int_0^{2\pi} \frac{ire^{i\theta}}{re^{i\theta}} d\theta = i\int_0^{2\pi} d\theta = 2\pi i \tag{6.54}$$

積分結果は半径 r によらず，0 ではなく，$2\pi i$ となる． ◁

例 6.5 次式

$$f(z) = \frac{z}{(z-1)(z-2)} = -\frac{1}{z-1} + \frac{2}{z-2} \tag{6.55}$$

において $z=1$，および $z=2$ が 1 位の極である．3 つの積分路を考えよう．

C_1：$z=1$ を中心として半径 0.5 の円周．内側には $z=1$ のみを極として含む．
C_2：$z=2$ を中心として半径 0.5 の円周．内側には $z=2$ のみを極として含む．
C_3：$z=0$ を中心として半径 3 の円周．内側には $z=1,2$ を極として含む．

積分路 C_1：内側に $z=1$ のみを極として含む．$2/(z-2)$ については C_1 内部は正則域だから積分は 0 になる．$z-1=0.5\mathrm{e}^{i\theta}$ であるから

$$\oint_{C_1} f(z)\,\mathrm{d}z = -\int_0^{2\pi} \frac{\mathrm{i}0.5\,\mathrm{e}^{\mathrm{i}\theta}}{0.5\,\mathrm{e}^{\mathrm{i}\theta}}\,\mathrm{d}\theta + \oint_{C_1} \frac{2}{z-2}\,\mathrm{d}z = -\mathrm{i}\int_0^{2\pi}\mathrm{d}\theta + 0 = -2\pi\mathrm{i}$$

積分路 C_2：$1/(z-1)$ については C_2 内部は正則域だから積分は 0 である．$z-2=0.5\mathrm{e}^{\mathrm{i}\theta}$ として

$$\oint_{C_2} f(z)\,\mathrm{d}z = -\oint_{C_2} \frac{\mathrm{d}z}{z-1} + 2\int_0^{2\pi}\frac{\mathrm{i}0.5\,\mathrm{e}^{\mathrm{i}\theta}}{0.5\,\mathrm{e}^{\mathrm{i}\theta}}\,\mathrm{d}\theta = 0 + 2\mathrm{i}\int_0^{2\pi}\mathrm{d}\theta = 4\pi\mathrm{i}$$

積分路 C_3：定理 6.4 により，2 つの極からの寄与を足し合わせて

$$\oint_{C_3} f(z)\,\mathrm{d}z = \oint_{C_1} f(z)\,\mathrm{d}z + \oint_{C_2} f(z)\,\mathrm{d}z = 2\pi\mathrm{i} \tag{6.56}$$

を得る． ◁

次のいくつかの例を見てみよう．

例 6.6 半径 r の円周上で z の偏角を 0 から 2π まで $z^{1/2}$ を積分してみよう．$z^{1/2}$ は 2 価関数であるから，Riemann 面上でこの積分路は閉じていない．$z^{1/2}$ の偏角を定めておかなくてはならない．積分を $\arg z = 0$ から $\arg z = 2\pi$ まで円周 $|z|=r$ 上の積分とする．$z = r\mathrm{e}^{\mathrm{i}\theta}$ であるから

$$\int_C z^{1/2}\,\mathrm{d}z = \mathrm{i}r^{3/2}\int_0^{2\pi} \mathrm{e}^{\mathrm{i}\theta/2}\mathrm{e}^{\mathrm{i}\theta}\,\mathrm{d}\theta = \mathrm{i}r^{3/2}\frac{1}{3\mathrm{i}/2}\mathrm{e}^{\mathrm{i}3\theta/2}\Big|_{\theta=0}^{2\pi}$$

$$= \frac{2r^{3/2}}{3}(-1-1) = -\frac{4}{3}r^{3/2} \tag{6.57}$$

◁

例 6.7 $f(z) = \exp(1/z)$ を円周 $|z|=1$ 上で正の向きに 1 周積分しよう．

$$\exp\left(\frac{1}{z}\right) = 1 + \frac{1}{1!}\frac{1}{z} + \frac{1}{2!}\frac{1}{z^2} + \cdots + \frac{1}{n!}\frac{1}{z^n} + \cdots \tag{6.58}$$

を項別に積分して

$$\oint_{|z|=1} \frac{\mathrm{d}z}{z^n} = \begin{cases} 0 & (n \neq 1) \\ 2\pi\mathrm{i} & (n = 1) \end{cases}$$

であるから

$$\oint_{|z|=1} \exp\left(\frac{1}{z}\right) \mathrm{d}z = 2\pi\mathrm{i} \tag{6.59}$$

を得る．$z = 0$ は真性 (孤立) 特異点である．このことに注意しよう．以上から，真性 (孤立) 特異点のまわりを 1 周積分するとゼロでない値を得る場合のあることがわかる． ◁

以上の事柄をまとめて，留数の定義と関連する性質を与えておこう．

定義 6.3 Jordan 閉曲線 C の内部に孤立特異点が 1 つだけあり，それを除くと C とその内部では $f(z)$ は正則であるとする．孤立特異点 $z = z_0$ を 1 つだけ内部に見て正の向きに C を回る積分路に沿う積分

$$\frac{1}{2\pi\mathrm{i}} \oint_C f(z) \,\mathrm{d}z = A(z_0) \tag{6.60}$$

を $f(z)$ の $z = z_0$ における**留数**という．留数を $\mathrm{Res}\, f(z)|_{z=z_0}$, $\mathrm{Res}\, f(z_0)$, $\mathrm{Res}\,(z_0)$ などと書く．留数は関数 $f(z)$ と点 z_0 のみによって決まる．

定理 6.6 孤立特異点 z_0 において極限値

$$\lim_{z \to z_0} (z - z_0) f(z) = A \tag{6.61}$$

が有限に確定するならば，A は $z = z_0$ における $f(z)$ の留数である．

(証明) $\lim_{z \to z_0} (z - z_0) f(z) = A$ が有限確定であるとする．任意の正数 ε に対して，$|z - z_0| < \delta$ である適当な正数 δ をとれば

$$|(z - z_0) f(z) - A| < \varepsilon \tag{6.62}$$

とすることができる．$z = z_0$ のまわりを 1 周する積分路 C を，その内部に $f(z)$ の孤立特異点を z_0 しか含まないようにとろう．積分路 C を変形して，z_0 を中心と適当な半径 ρ の円周

$$z - z_0 = \rho \mathrm{e}^{\mathrm{i}\theta} \tag{6.63}$$

とする．これは $f(z)$ の正則領域における閉曲線の連続的な変形であるから積分の値は変わらず，

$$\oint_C f(z)\,\mathrm{d}z = \oint_{|z-z_0|=\rho} f(z)\,\mathrm{d}z \tag{6.64}$$

である．さらに，$\mathrm{d}z = \mathrm{i}\rho e^{\mathrm{i}\theta}\mathrm{d}\theta = \mathrm{i}(z-z_0)\mathrm{d}\theta$ であるから，

$$\begin{aligned}\left|\oint_{|z-z_0|=\rho} f(z)\,\mathrm{d}z - 2\pi \mathrm{i}A\right| &= \left|\mathrm{i}\int_0^{2\pi}(z-z_0)f(z)\,\mathrm{d}\theta - 2\pi\mathrm{i}A\right| \\ &= \left|\int_0^{2\pi}[(z-z_0)f(z)-A]\,\mathrm{d}\theta\right| \leq \int_0^{2\pi}|(z-z_0)f(z)-A|\mathrm{d}\theta \\ &< \varepsilon\int_0^{2\pi}\mathrm{d}\theta = 2\pi\varepsilon \end{aligned} \tag{6.65}$$

である．極限 $\varepsilon \to 0$ をとると，式 (6.65) の右辺は 0 となり，

$$\oint_C f(z)\,\mathrm{d}z = 2\pi\mathrm{i}A \tag{6.66}$$

を得る．したがって式 (6.61) の右辺 A は，複素関数 $f(z)$ の $z=z_0$ における留数である． ∎

しかしいつでも留数が定理 6.6 の方法で求まるわけではない．いくつかの例を考えてみよう．

例 6.8 $f(z)$ が $z=z_0$ の近傍で $c_{-1} \neq 0$ として

$$f(z) = \frac{c_{-1}}{z-z_0} + c_0 + c_1(z-z_0) + c_2(z-z_0)^2 + \cdots \tag{6.67}$$

とする．このとき

$$\lim_{z \to z_0}(z-z_0)f(z) = c_{-1} \tag{6.68}$$

であるから $f(z)$ の $z=z_0$ における留数は c_{-1} である (1 位の極)．これは定理 6.6 を適用できる場合である． ◁

例 6.9 $f(z)$ が $z=z_0$ の近傍で $c_{-k} \neq 0, k \geq 2$ として

$$f(z) = \frac{c_{-k}}{(z-z_0)^k} + \cdots + \frac{c_{-1}}{(z-z_0)} + c_0 + c_1(z-z_0) + \cdots \tag{6.69}$$

と展開されるとする (k 位の極). このとき

$$(z - z_0) f(z) \to \infty \qquad (z \to z_0) \tag{6.70}$$

となる. すなわち, (1 位以外の) k 位の極については定理 6.6 の方法では留数は求められない.

$z = z_0$ が $f(z)$ の除去しうる孤立特異点の場合には

$$\lim_{z \to z_0} f(z) = f_0 \qquad (\text{有限確定}) \tag{6.71}$$

であるから

$$\lim_{z \to z_0} (z - z_0) f(z) = 0 \tag{6.72}$$

となる. したがって $z = z_0$ のまわりを 1 周する積分路 C について定理 6.6 の証明と同様の手続きを行えば,

$$\oint_C f(z) \, \mathrm{d}z = 0 \tag{6.73}$$

となることがわかる[*1].

孤立特異点が真性 (孤立) 特異点の場合には $\lim_{z \to z_0} (z - z_0) f(z)$ は有限確定ではない. 以上から定理 6.6 で $\lim_{z \to z_0} (z - z_0) f(z)$ が 0 以外の有限確定な値をとるのは $z = z_0$ が 1 位の極の場合である.

孤立特異点が k 位の極 ($k \neq 1$) である場合, 留数が一般に 0 または無限大になるのではない. $\oint_{|z|=1} (1/z^n) \, \mathrm{d}z = 0 \ (n \neq 1)$ であることから, 式 (6.69) の $f(z)$ を直接積分することにより,

$$\frac{1}{2\pi \mathrm{i}} \oint_{|z - z_0| = \rho} f(z) \, \mathrm{d}z = c_{-1} \tag{6.74}$$

となる. これが留数である. つまり孤立特異点 $z = z_0$ が k 位の極の場合にも $z = z_0$ での留数は -1 次の係数 c_{-1} である. ◁

k 位の極の留数: $z = a$ が k 位の極であるならば

$$\mathrm{Res}\, f(a) = c_{-1} = \lim_{z \to a} \frac{1}{(k-1)!} \frac{\mathrm{d}^{k-1}}{\mathrm{d}z^{k-1}} [(z - a)^k f(z)] \tag{6.75}$$

[*1] このことは後に示す Morera の定理によれば, 関数 $f(z)$ が正則であることと同値である. したがって逆にいえば, このような点における特異性は除去できることを保証する.

である．これは展開 (6.69) の具体的な形から直接示すことができる．

例 6.10

$$f(z) = \frac{z}{(z-1)(z-2)} \tag{6.76}$$

の極は $z=1$ および $z=2$ である．留数はそれぞれ

$$\lim_{z \to 1}(z-1)f(z) = -1, \qquad \lim_{z \to 2}(z-2)f(z) = 2 \tag{6.77}$$

となる．この留数の結果が，例 6.5 では積分路 C_1 および C_2 上での複素積分により求められたものである．　　　　　　　　　　　　　　　　　　　　　　　◁

定理 6.7（留数の定理） 正の向きに回る閉じた積分路 C の内側に $f(z)$ の N 個の極 $z_k\ (k=1,2,\cdots N)$ が存在し，それらを除いて積分路 C およびその内側の領域で $f(x)$ が 1 価正則であれば

$$\oint_C f(z)\,\mathrm{d}z = 2\pi\mathrm{i}\sum_{k=1}^{N} \mathrm{Res}\,(z_k) \tag{6.78}$$

である（図 6.11）．

(証明) 証明の概略のみ述べよう．積分路 C をそれぞれの極 z_k を回る積分路 C_k とそれらをつなぐ積分路に分け，各 C_k 上の積分を求める．各 C_k をつなぐ積分路では，そこの往復が必要となる．全体の領域が 1 価正則であることから各 C_k をつなぐ積分路の往復で積分の値は互いに打ち消し合い，正味の値は 0 となる．その結果，全体の積分の値は，その Jordan 閉曲線が囲む極の留数の和となる．
　　　　　　　　　　　　　　　　　　　　　　　　　　　　　　　　　■

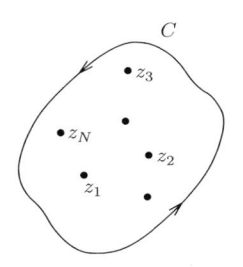

図 **6.11**　特異点が分布している場合

6.5.2 無限遠点の留数

6.5.1 項では原点から有限の距離だけ離れた孤立特異点の留数を議論した．定義 3.1 において，無限遠点 $z = \infty$ を導入した際には，それを一般の z と同様に扱うことにした．ここでは無限遠点の留数を定義し，その意味や性質を考えよう．

定義 6.4（無限遠点の留数） 有限の正数 R に対して，$f(z)$ が $R < |z| < +\infty$ で正則であるとき，すなわち無限遠点を除いて複素平面上で半径 R の円の外側に特異点が存在しないとき，

$$-\frac{1}{2\pi i} \oint_{|z|=\rho > R} f(z)\,dz \tag{6.79}$$

を $f(z)$ の $z = \infty$ における留数といい，$\mathrm{Res}\, f(z)\,|_{z=\infty}$, $\mathrm{Res}\, f(\infty)$, $\mathrm{Res}\,(\infty)$ などと表す．ただし積分路は $|z| = \rho$ の円周上を**正の向き**に回る．

$|z| = \rho$ の円周上を原点から見て正の向きに回るときには，無限遠点を常に右手に見ている．したがって**無限遠点を中心**に考えれば**負の向き**に回っていることになる．そのため上の定義では係数に負符号が付いている．

定理 6.8 有限の正数 R に対して，$f(z)$ が $R < |z| < \infty$ で正則であるとき $\lim_{z \to \infty} zf(z)$ が有限確定であるなら

$$\mathrm{Res}\, f(\infty) = -\lim_{z \to \infty} zf(z) \tag{6.80}$$

（証明） $z = 1/\zeta$ と変数変換し，半径 $\rho\,(> R)$ の円周を考えると

$$\mathrm{Res}\,(\infty) = -\frac{1}{2\pi i} \oint_{|z|=\rho} f(z)\,dz = \frac{1}{2\pi i} \oint_{|\zeta|=1/\rho} f\left(\frac{1}{\zeta}\right) \frac{-1}{\zeta^2}\,d\zeta \tag{6.81}$$

ここで，$|z| = \rho$ の円周上を正の向きに回る積分路は $|\zeta| = 1/\rho$ の円周上を負の向きに回る積分路に射影される．最後の式ではその積分路を $|\zeta| = 1/\rho$ の円周上で正の向きに回る積分路に書き換え，符号 (-1) を乗じている．

$f(1/\zeta)$ は $\zeta = 0$ を除いて $0 < |\zeta| < 1/R$ で正則であるから，$F(\zeta) \equiv -f(1/\zeta)(1/\zeta^2)$ の特異点は存在するとすれば，それは $\zeta = 0$ である．つまり，

$$\frac{1}{2\pi i} \oint_{|\zeta|=1/\rho} f\left(\frac{1}{\zeta}\right) \frac{-1}{\zeta^2}\,d\zeta = \frac{1}{2\pi i} \oint_{|\zeta|=1/\rho} F(\zeta)\,d\zeta = \mathrm{Res}\, F(0) \tag{6.82}$$

は，$\lim_{\zeta \to 0} \zeta F(\zeta)$ が有限確定であれば

$$\operatorname{Res} F(0) = \lim_{\zeta \to 0} \zeta F(\zeta) \tag{6.83}$$

である．ゆえに

$$\operatorname{Res} F(0) = \lim_{\zeta \to 0} \zeta F(\zeta) = -\lim_{z \to \infty} \frac{1}{z} f(z) z^2 = -\lim_{z \to \infty} z f(z) \tag{6.84}$$

∎

$f(z)$ が $R \leq |z| \leq \infty$ で

$$f(z) = \sum_{n=-\infty}^{\infty} c_n z^n \tag{6.85}$$

と展開されるとする．

$$\oint_{|z|=\rho>0} z^n \mathrm{d}z = \begin{cases} 0 & (n \neq -1) \\ 2\pi \mathrm{i} & (n = -1) \end{cases} \tag{6.86}$$

であることを考えると

$$\operatorname{Res} f(\infty) = -c_{-1} \tag{6.87}$$

となる．このことから，無限遠点 $z = \infty$ が $f(z)$ の正則点であっても，留数 $\operatorname{Res}(\infty)$ は 0 とは限らないことがわかる．このことには注意せねばならない．

定理 6.9 Jordan 閉曲線 C は $f(z)$ の原点から有限の距離にある特異点をすべて内側に含むとする (図 6.12)．C の内側にある $f(z)$ の特異点を $\{z_k\}$，そこでの留数をおのおの A_k，無限遠点の留数を B_∞ とする．これらの特異点を除き，$f(z)$ は正則であるとする．このとき

$$\sum_k A_k + B_\infty = 0 \tag{6.88}$$

となる．

(証明) 閉曲線 C を回る複素積分は

$$\oint_C f(z) \, \mathrm{d}z = 2\pi \mathrm{i} \sum_k A_k \tag{6.89}$$

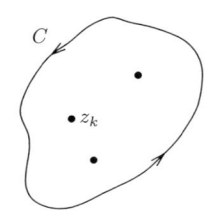

図 **6.12** 閉曲線 C と特異点

一方，定義 (6.79) により左辺は ∞ の留数も与える．

$$\oint_C f(z)\,dz = -2\pi i B_\infty \tag{6.90}$$

ゆえに $\sum A_k + B_\infty = 0$ である． ∎

これが $z = \infty$ が正則点である場合も，一般には $B_\infty \neq 0$ であることの意味である．逆に，無限遠点 $z = \infty$ が $f(z)$ の特異点であっても，ほかに $f(z)$ には特異点がなければ $B_\infty = 0$ である．

例 6.11 関数

$$f(z) = e^z \tag{6.91}$$

では，$z = \infty$ は真性特異点であり，この点を除けば全 z 平面上で正則である．定理 6.9 から $z = \infty$ の留数は 0 である．$f(z)$ を z のべき級数で展開すると

$$e^z = 1 + \frac{1}{1!}z + \frac{1}{2!}z^2 + \cdots + \frac{1}{n!}z^n + \cdots \tag{6.92}$$

である．z^{-1} の項は現れないから $z = \infty$ での留数は確かに 0 である． ◁

6.6 複素積分の応用

6.6.1 留数の定理の応用 (定積分の計算)

複素積分を用いると，実数だけに限っていたとき困難だった定積分を容易に実行できることがある．

例 6.12

$$I = \int_0^{2\pi} \frac{\mathrm{d}\theta}{5 - 4\cos\theta} \tag{6.93}$$

$z = \mathrm{e}^{\mathrm{i}\theta}$ とおくと

$$\cos\theta = \frac{1}{2}\left(z + \frac{1}{z}\right), \qquad \mathrm{d}z = \mathrm{i}\mathrm{e}^{\mathrm{i}\theta}\mathrm{d}\theta = \mathrm{i}z\,\mathrm{d}\theta$$

である．θ が 0 から 2π まで変わるとき z は単位円周 $|z|=1$ の上を 1 周する．したがって I は書き直して

$$I = \oint_{|z|=1} \frac{\mathrm{d}z}{\mathrm{i}z} \frac{1}{5 - 2\left(z + \frac{1}{z}\right)} = \mathrm{i}\oint_{|z|=1} \mathrm{d}z \frac{1}{2z^2 - 5z + 2}$$
$$= \frac{\mathrm{i}}{2}\oint_{|z|=1} \mathrm{d}z \frac{1}{\left(z - \frac{1}{2}\right)(z - 2)}$$

積分路の内側にある特異点は 1 位の極 $z = 1/2$ だけであるから，そこでの留数を求め，結局，積分は

$$I = \frac{\mathrm{i}}{2}\cdot 2\pi\mathrm{i}\,\mathrm{Res}\left(\frac{1}{2}\right) = -\pi\lim_{z\to 1/2}\left(z - \frac{1}{2}\right)\cdot\frac{1}{\left(z - \frac{1}{2}\right)(z - 2)} = \frac{2\pi}{3} \tag{6.94}$$

となる．   ◁

例 6.13

$$I = \frac{1}{2}\oint_{|z|=2} \frac{|\mathrm{d}z|}{|z - 1|^2} \tag{6.95}$$

$z = 2\mathrm{e}^{\mathrm{i}\theta}$ とおくと，$\mathrm{d}z = 2\mathrm{i}\mathrm{e}^{\mathrm{i}\theta}\mathrm{d}\theta, |\mathrm{d}z| = 2\,\mathrm{d}\theta$ である．書き直して

$$I = \int_0^{2\pi} \mathrm{d}\theta \frac{1}{(2\mathrm{e}^{\mathrm{i}\theta} - 1)(2\mathrm{e}^{-\mathrm{i}\theta} - 1)} = \int_0^{2\pi} \frac{\mathrm{d}\theta}{5 - 4\cos\theta}$$

である．これは先の例 6.12 であるから

$$I = \frac{2\pi}{3} \tag{6.96}$$

◁

もう少し一般的な積分を行うために，次の補助定理を証明しておこう．

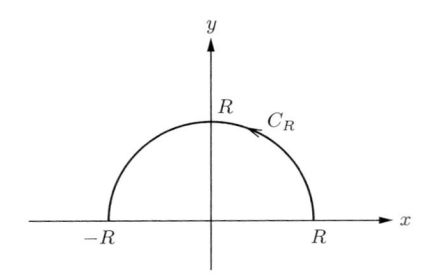

図 **6.13** Jordan の補題における積分路 C_R (半径 R の半円)

補題 6.1 [Jordan (ジョルダン) の補題] z 平面の上半平面 $(0 \leq \arg z \leq \pi)$ で，$|z| \to \infty$ としたとき $f(z)$ は一様に 0 に近づくと仮定する．このとき $a > 0$ とすると

$$I_R = \int_{C_R} e^{iaz} f(z) \, dz \to 0 \qquad (R \to \infty) \tag{6.97}$$

ただし積分路 C_R は，半径 R の円周上 $z = Re^{i\theta}$ を上半平面で $\theta = 0$ から π まで動く半円周である (図 6.13)．

(証明) 式 (6.97) の $|I_R|$ を次のように評価する．

$$|I_R| = \left| \int_{C_R} e^{iaz} f(z) \, dz \right| \leq \int_{C_R} |e^{iaz}| |f(z)| |dz| \tag{6.98}$$

ここで $z = Re^{i\theta}$ とおくと $dz = iRe^{i\theta} d\theta$, $|dz| = R \, d\theta$, $|e^{iaz}| = e^{-aR\sin\theta}$．これらを代入して

$$|I_R| \leq \int_0^\pi e^{-aR\sin\theta} |f(Re^{i\theta})| R \, d\theta \tag{6.99}$$

と評価できる．$|f(z)|$ は $|z| \to \infty$ で一様に 0 に近づくから，任意の正数 ε に対して半径 R を十分大きくとれば，積分路 C_R 上で

$$|f(z)| < \varepsilon \tag{6.100}$$

となる．ゆえに

$$|I_R| \leq \varepsilon R \int_0^\pi e^{-aR\sin\theta} d\theta = 2\varepsilon R \int_0^{\pi/2} e^{-aR\sin\theta} d\theta \tag{6.101}$$

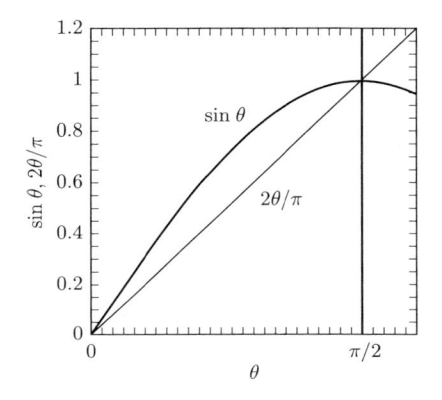

図 **6.14** Jordan の補題を証明するための $\sin\theta \geq 2\theta/\pi$ を示す図

さらに $0 \leq \theta \leq \pi/2$ では常に $\sin\theta \geq 2\theta/\pi$ である (図 6.14) から

$$|I_R| \leq 2\varepsilon R \int_0^{\pi/2} e^{-(2aR/\pi)\theta} d\theta = \frac{\varepsilon\pi}{a}\left(1 - e^{-aR}\right) \leq \frac{\pi}{a}\varepsilon \tag{6.102}$$

である．半径 R を大きくすると ε はいくらでも小さくできる，すなわち

$$\varepsilon \to 0 \qquad (R \to \infty)$$

であるから

$$\lim_{R \to \infty} |I_R| = 0 \tag{6.103}$$

を得る． ∎

上では z 平面の上半平面を考えた．もし $f(z)$ が下半平面 ($2\pi \geq \arg z \geq \pi$) で $|z| \to \infty$ としたとき一様に 0 に近づくならば，$a > 0$ として，指数関数 e^{-iaz} を考えると

$$\int_{C'_R} e^{-iaz} f(z)\, dz \to 0 \qquad (R \to \infty) \tag{6.104}$$

となる．ただし積分路 C'_R は半径 R の円周上 $z = Re^{i\theta}$ を下半平面で $\theta = \pi$ から 2π まで動く半円周であるとする．このようにすれば同じようにして Jordan の補題が成り立つ．

実軸に沿った複素積分を実行する際に，C_R または C'_R のような半円の積分路を付け加えることによって閉じた積分路をつくり，Jordan の補題を用いて留数の計算に帰着することができる．さらにもっと違う積分路に対しても同じようにして Jordan の補題の変形を用いることができる．

次は少しの変形で標準的な Jordan の補題に持ち込む例である．

例 6.14

$$I = \int_0^\infty \frac{x \sin ax}{x^2+1}\,dx \qquad (a>0) \tag{6.105}$$

$\sin ax = (e^{iax} - e^{-iax})/(2i)$ を用いて書き換える．

$$I = \frac{1}{2i}\int_0^\infty \frac{x}{x^2+1}(e^{iax}-e^{-iax})\,dx = \frac{1}{2i}\int_{-\infty}^\infty \frac{xe^{iax}}{x^2+1}\,dx \tag{6.106}$$

ここで

$$f(z) = \frac{z}{z^2+1} \tag{6.107}$$

とおくと Jordan の補題により図 6.13 の積分路 C_R 上の複素積分

$$\int_{C_R} e^{iaz} f(z)\,dz \tag{6.108}$$

は $R \to \infty$ の極限で 0 に収束する．これを式 (6.106) の右辺に加えて

$$I = \lim_{R\to\infty}\frac{1}{2i}\oint_{C_1} \frac{ze^{iaz}}{z^2+1}\,dz \tag{6.109}$$

となる．積分路 C_1 は実軸上を $-R$ より R まで動き，その後，半円周 C_R 上を動いて閉じる（図 6.15）．式 (6.109) で被積分関数の極は $z = \pm i$ であるが，C_1 内には $z = i$ のみがある．留数は

$$\lim_{z\to i}(z-i)\frac{ze^{iaz}}{z^2+1} = \lim_{z\to i}\frac{ze^{iaz}}{z+i} = \frac{e^{-a}}{2}$$

である．ゆえに

$$I = \frac{1}{2i}2\pi i \frac{e^{-a}}{2} = \frac{\pi}{2}e^{-a} \tag{6.110}$$

を得る． ◁

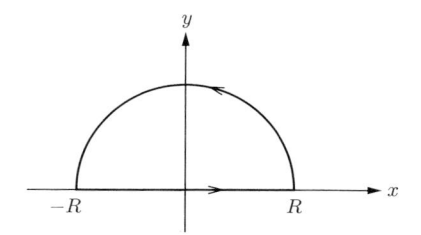

図 **6.15** 例 6.14 の積分路 C_1

定義 6.5 関数 $f(x)$ は実軸上の区間 $[a, b]$ 内の特異点 c を除いて連続であるとする．$\varepsilon > 0$ として $z = c$ の両側に「同じ幅 ε」だけ領域を除外し

$$\lim_{\varepsilon \to 0} \left[\int_a^{c-\varepsilon} f(x)\,dx + \int_{c+\varepsilon}^b f(x)\,dx \right] \tag{6.111}$$

が有限の確定値を与えるとき，これを **Cauchy** (コーシー) の**主値積分**，あるいは単に主値積分といい

$$\mathrm{Pv} \int_a^b f(x)\,dx \tag{6.112}$$

と書く．

例 **6.15**

$$I = \int_0^\infty \frac{\sin x}{x}\,dx \tag{6.113}$$

これは Cauchy の主値積分の意味で次のように書き直すことができる．

$$I = \lim_{R \to \infty, r \to 0} \int_r^R \frac{\sin x}{x}\,dx = \lim_{R \to \infty, r \to 0} \int_r^R \frac{e^{ix} - e^{-ix}}{2ix}\,dx$$
$$= \frac{1}{2i} \lim_{R \to \infty, r \to 0} \left(\int_{-R}^{-r} \frac{e^{ix}}{x}\,dx + \int_r^R \frac{e^{ix}}{x}\,dx \right)$$

ここで，半径 R および r の 2 つの上半平面上の半円を付け加えて閉じた積分路 C_2 を用いて，新しい積分を考える (図 6.16)．

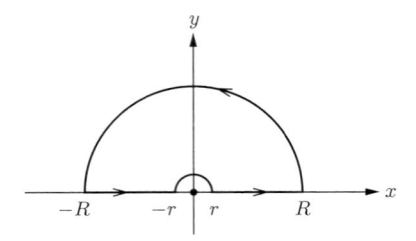

図 **6.16** 例 6.15 の積分路 C_2

$$\begin{aligned}
J &= \oint_{C_2} \frac{\mathrm{e}^{\mathrm{i}z}}{z}\mathrm{d}z \\
&= \int_{-R}^{-r} \frac{\mathrm{e}^{\mathrm{i}x}}{x}\mathrm{d}x + \int_{z=r\mathrm{e}^{\mathrm{i}\theta},\theta=\pi\to 0} \frac{\mathrm{e}^{\mathrm{i}z}}{z}\mathrm{d}z + \int_{r}^{R} \frac{\mathrm{e}^{\mathrm{i}x}}{x}\mathrm{d}x + \int_{z=R\mathrm{e}^{\mathrm{i}\theta},\theta=0\to \pi} \frac{\mathrm{e}^{\mathrm{i}z}}{z}\mathrm{d}z \\
&= J_1 + J_2 + J_3 + J_4 \tag{6.114}
\end{aligned}$$

原点から有限の距離にある $\mathrm{e}^{\mathrm{i}z}/z$ の極は $z=0$ のみであるから，積分路 C_2 の内側には極は存在しない．ゆえに

$$J = 0 \tag{6.115}$$

となる．

式 (6.114) の第 1 項と第 3 項の和は

$$J_1 + J_3 = \int_{-R}^{-r} \frac{\mathrm{e}^{\mathrm{i}x}}{x}\mathrm{d}x + \int_{r}^{R} \frac{\mathrm{e}^{\mathrm{i}x}}{x}\mathrm{d}x$$

であるから

$$\lim_{R\to\infty,\ r\to 0}(J_1 + J_3) = 2\mathrm{i}I \tag{6.116}$$

である．半径 r の半円周上の積分 J_2 は次のように計算できる．

$$\begin{aligned}
\lim_{r\to 0} J_2 &= \lim_{r\to 0}\int_{z=r\mathrm{e}^{\mathrm{i}\theta},\theta=\pi\to 0}\frac{\mathrm{e}^{\mathrm{i}z}}{z}\mathrm{d}z = \lim_{r\to 0}\mathrm{i}\int_{\pi}^{0}\mathrm{d}\theta\,\mathrm{e}^{\mathrm{i}r\cos\theta - r\sin\theta} \\
&= \mathrm{i}\int_{\pi}^{0}\mathrm{d}\theta = -\mathrm{i}\pi \tag{6.117}
\end{aligned}$$

これは $\mathrm{e}^{\mathrm{i}z}/z$ の $z=0$ における留数の半分 (に $-2\pi\mathrm{i}$ を乗じたもの) であることに注意せよ. (なぜそうなのか考えてみよ.) 半径 R の半円周上の積分 J_4 は Jordan の補題より $R\to\infty$ の極限で 0 となる.

$$\lim_{R\to\infty} J_4 = 0 \tag{6.118}$$

以上をまとめて

$$0 = \lim_{R\to\infty, r\to 0}(J_1+J_3) + \lim_{r\to 0} J_2 + \lim_{R\to\infty} J_4 = 2\mathrm{i}I + (-\mathrm{i}\pi) + 0 \tag{6.119}$$

であるから

$$I = \frac{\pi}{2} \tag{6.120}$$

を得る. この積分では半径 r の半円を上半平面で閉じたが, 下半平面で閉じてもよい. そのとき $\mathrm{e}^{\mathrm{i}z}/z$ の極 $z=0$ は積分路の内にある. $z=0$ の留数, 半円周上の積分を正しく計算すれば同じ値を得る. ◁

例 6.16

$$I = \int_{-\infty}^{\infty} \frac{\mathrm{d}x}{1+x^2} \tag{6.121}$$

$1/(1+z^2)$ の極は $z=\pm\mathrm{i}$. 例 6.14 の積分路 C_1 (図 6.15) を考える. C_1 内には 1 位の極 $z=\mathrm{i}$ があるから次の積分が計算できる.

$$J = \oint_{C_1} \frac{\mathrm{d}z}{1+z^2} = 2\pi\mathrm{i}\lim_{z\to\mathrm{i}}(z-\mathrm{i})\frac{1}{1+z^2} = \pi \tag{6.122}$$

一方, 積分 J を書き直せば

$$J = \int_{-R}^{R} \frac{\mathrm{d}x}{1+x^2} + \mathrm{i}\int_{0}^{\pi} \mathrm{d}\theta \frac{R\,\mathrm{e}^{\mathrm{i}\theta}}{1+R^2\,\mathrm{e}^{2\mathrm{i}\theta}} \tag{6.123}$$

第 1 項の積分は $R\to\infty$ で I になる. 第 2 項の積分は $1/R$ 程度の量で $R\to\infty$ とすれば 0 になる. 厳密にこのことを示すには

$$\left|\int_0^\pi \mathrm{d}\theta \frac{R\,\mathrm{e}^{\mathrm{i}\theta}}{1+R^2\,\mathrm{e}^{2\mathrm{i}\theta}}\right| \leq \int_0^\pi \mathrm{d}\theta \left|\frac{R\,\mathrm{e}^{\mathrm{i}\theta}}{1+R^2\,e^{2\mathrm{i}\theta}}\right| = \int_0^\pi \mathrm{d}\theta \frac{R}{\sqrt{1+R^4+2R^2\cos 2\theta}}$$

$$\leq \int_0^\pi \mathrm{d}\theta \frac{R}{R^2-1} = \frac{\pi R}{R^2-1} \to 0 \quad (R\to\infty)$$

とすればよい．以上をまとめれば

$$I = \pi \tag{6.124}$$

である． ◁

例 6.17

$$I = \int_{-\infty}^{\infty} e^{-x^2} \cos 2bx \, dx \tag{6.125}$$

図 6.17 のような積分路 C_3 を選び e^{-z^2} を積分してみよう．積分路 C_3 内に e^{-z^2} の極はないから，この積分は 0 である．一方，積分を詳しく書けば

$$\begin{aligned} 0 &= \oint_{C_3} e^{-z^2} dz \\ &= \int_{-R}^{R} e^{-x^2} dx + i\int_{0}^{b} e^{-(R+iy)^2} dy + \int_{R}^{-R} e^{-(x+ib)^2} dx + i\int_{b}^{0} e^{-(-R+iy)^2} dy \\ &= \int_{-R}^{R} e^{-x^2} dx + \int_{R}^{-R} e^{-x^2+b^2-2ibx} dx \\ &\quad + i\int_{0}^{b} e^{-R^2+y^2-2iRy} dy + i\int_{b}^{0} e^{-R^2+y^2+2iRy} dy \end{aligned}$$

である．$R \to \infty$ とすると最後の式の第 3 項，第 4 項の積分はそれぞれ 0 となる．

$$\begin{aligned} 0 &= \int_{-\infty}^{\infty} e^{-x^2} dx - \int_{-\infty}^{\infty} e^{b^2} e^{-x^2} (\cos 2bx - i\sin 2bx) dx \\ &= \sqrt{\pi} - e^{b^2} \int_{-\infty}^{\infty} e^{-x^2} \cos 2bx \, dx \end{aligned}$$

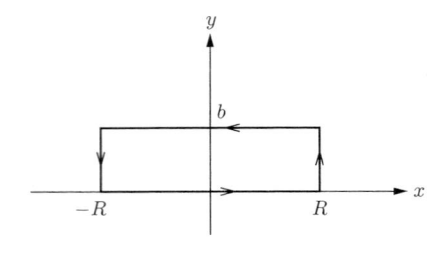

図 **6.17** 例 6.17 の積分路 C_3

ゆえに[*2]

$$I = e^{-b^2}\sqrt{\pi} \tag{6.126}$$

である。 ◁

6.6.2 定積分における多価関数の分岐点の取扱い

多価関数の積分において，積分路が分岐点の近傍を動く場合には，Riemann 面の構造を考えて積分路が偏角を含めて閉じるようにするなど，注意して行わねばならない．具体的にいくつかの例を見ることにより，多価関数の積分における分岐点あるいは切断の取扱いをどのようにすればよいかを見ることにしよう．

例 6.18 無限多価関数の切断に沿った積分

$$I = \int_0^\infty \frac{x^{p-1}}{1+x} dx \qquad (0 < p < 1) \tag{6.127}$$

を考えよう．図 6.18 の積分路 C_4（点 A は $z = r$，点 B は $z = R$，点 C は $z = Re^{i\pi}$）に沿って

$$J = \oint_{C_4} \frac{z^{p-1}}{1+z} dz \tag{6.128}$$

を考える．積分路上の各点 A から F までの z および z^{p-1} の偏角は表 6.1 のとおりである．この積分路は $z = 0$ の分岐点をさけて切断を横切っていないから，閉じている．同じ Riemann 面上で積分路の内側には 1 位の極 $z = -1 = e^{i\pi}$ を含む

[*2] Gauss 積分 $\int_{-\infty}^\infty e^{-x^2} dx$ は次のように計算する．Gauss 積分を 2 乗して変形すれば

$$\left(\int_{-\infty}^\infty e^{-x^2} dx\right)^2 = \int_{-\infty}^\infty \int_{-\infty}^\infty dx\, dy\, e^{-x^2-y^2} = \int_0^\infty r\, dr \int_0^{2\pi} d\theta\, e^{-r^2}$$
$$= 2\pi \cdot \frac{1}{2} \int_0^\infty e^{-t} dt = \pi$$

と計算できる．したがって

$$\int_{-\infty}^\infty e^{-x^2} dx = \sqrt{\pi}$$

となる．

118   6 複素積分

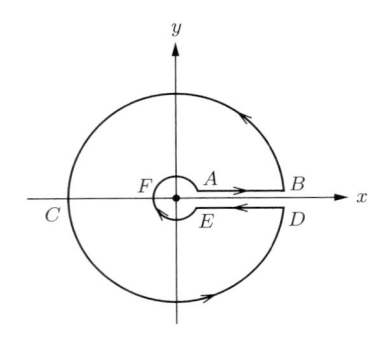

図 6.18　例 6.18 の積分路 C_4. 切断は 0 から ∞ まで実軸の正の部分にある.

から
$$J = 2\pi i \operatorname{Res}(e^{i\pi}) = 2\pi i e^{i(p-1)\pi}$$

である．ここで $z = -1$ の偏角は $-\pi, 3\pi$ などでなく，π であることが重要である．点 A の偏角を 0 と決めれば $z = -1$ は原点のまわりで π だけ回るからである．また J は書き直して

$$J = \int_r^R \frac{x^{p-1}}{1+x}dx + \int_0^{2\pi} d\theta\, iRe^{i\theta} \frac{R^{p-1}e^{i(p-1)\theta}}{1+Re^{i\theta}}$$
$$+ \int_R^r \frac{(xe^{2\pi i})^{p-1}}{1+x}dx + \int_{2\pi}^0 d\theta\, ire^{i\theta} \frac{r^{p-1}e^{i(p-1)\theta}}{1+re^{i\theta}}$$

である．$D \to E$ では (原点のまわりで A から始めて 2π だけ回ることになるから)，偏角が 2π であり，$z = xe^{2\pi i}$ と書いた．上式右辺第 2 項は $p < 1$ であるから $R \to \infty$ とすると 0 となる．右辺第 4 項は $p > 0$ であるから $r \to 0$ とすると 0 となる．よって

$$J \to (1 - e^{i(p-1)2\pi}) \int_0^\infty \frac{x^{p-1}}{1+x}dx \qquad (R \to \infty,\ r \to 0)$$

表 6.1　積分路 C_4 (図 6.18) に沿って点 z が動くときの偏角 $\arg z$, $\arg z^{p-1}$ のふるまい

	A	B	C	D	E	F
$\arg z$	0	0	π	2π	2π	π
$\arg z^{p-1}$	0	0	$\pi(p-1)$	$2\pi(p-1)$	$2\pi(p-1)$	$\pi(p-1)$

結局

$$\int_0^\infty \frac{x^{p-1}}{1+x}dx = \frac{2\pi i e^{i(p-1)\pi}}{1-e^{i(p-1)2\pi}} = \frac{-\pi}{\sin(p-1)\pi} = \frac{\pi}{\sin p\pi} \tag{6.129}$$

となる．これらをまとめると

$$I = \frac{\pi}{\sin p\pi} \tag{6.130}$$

を得る．この積分は『複素関数論 II』におけるベータ関数の項でもう一度考える．

◁

例 6.19 [Schwarz–Christoffel (シュワルツ-クリストッフェル)変換] 実軸に沿った積分

$$z = f(t) = \int_0^t s^{-1/2}(s-1)^{-1/2}ds \tag{6.131}$$

を考えてみよう．実軸に沿った積分路は，分岐点 $s=0$, $s=1$ においては図 6.19 のように上半平面を回ることにする[*3]．また $s>1$ では $\arg s^{1/2} = \arg(s-1)^{1/2} = 0$ であるとする．このように決めると，積分路上の他の点の偏角も次のように一意的に決まる．

$$\arg s^{1/2} = \arg(s-1)^{1/2} = 0 \qquad (s>1) \tag{6.132a}$$

$$\arg s^{1/2} = 0, \quad \arg(s-1)^{1/2} = \pi/2 \qquad (1>s>0) \tag{6.132b}$$

$$\arg s^{1/2} = \arg(s-1)^{1/2} = \pi/2 \qquad (0>s) \tag{6.132c}$$

したがって，それぞれの偏角を上のように書けば，積分は次のように書かれる．

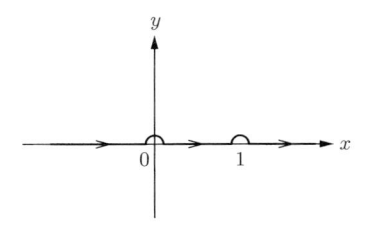

図 6.19 例 6.19 で Schwarz–Christoffel 変換を考える際に用いられる実軸に沿った積分路

[*3] 実軸上を動くとき分岐点での回り方によって積分結果は変わってくる．ここでは上半平面を回るように決めたが，分岐点を下半平面で回ったらどうなるか，各自考えてみよ．

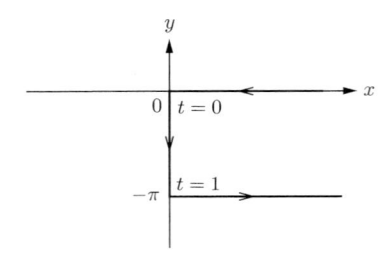

図 **6.20** 例 6.19 の Schwarz–Christoffel 変換による写像 $z = f(t)$

$t < 0 : (t = |t|\mathrm{e}^{\mathrm{i}\pi},\ s = r\mathrm{e}^{\mathrm{i}\pi},\ s - 1 = (1+r)\mathrm{e}^{\mathrm{i}\pi})$

$$z = \int_0^{|t|} (-\mathrm{d}r) r^{-1/2} (1+r)^{-1/2} \mathrm{e}^{-\pi \mathrm{i}} = + \int_0^{|t|} \frac{\mathrm{d}x}{\sqrt{x(1+x)}} \tag{6.133}$$

$0 < t < 1 : (s = r,\ s - 1 = (1-r)\mathrm{e}^{\mathrm{i}\pi})$

$$z = \int_0^t \mathrm{d}r\, r^{-1/2} (1-r)^{-1/2} \mathrm{e}^{-\mathrm{i}\pi/2} = -\mathrm{i} \int_0^t \frac{\mathrm{d}x}{\sqrt{x(1-x)}} \tag{6.134}$$

$t > 1 : (s = r,\ s - 1 = r - 1)$

$$z = -\mathrm{i} \int_0^1 \frac{\mathrm{d}r}{\sqrt{r(1-r)}} + \int_1^t \frac{\mathrm{d}r}{\sqrt{r(r-1)}} = -\mathrm{i}\pi + \int_1^t \frac{\mathrm{d}x}{\sqrt{x(x-1)}} \tag{6.135}$$

これから $z = f(t)$ は t をパラメータとして複素 z 平面上で図 6.20 のような図形を描く. ◁

7 Cauchyの積分公式と複素関数のべき級数展開

留数の定理を応用するとCauchyの積分公式が得られる．この式はたいへん懐深い式であり，複素関数の多くの豊かな性質が導かれる．さらに「代数学の基本定理」，複素関数の正則性に関する基本的な諸定理および複素関数のべき級数展開へと広がっていく．

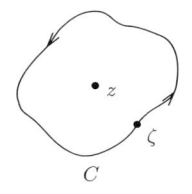

7.1 Cauchyの積分公式とそれから導かれる定理

Cauchyの積分公式およびそれに関連したいくつかの大切な定理を説明しよう．本節で説明するMoreraの定理はCauchyの積分定理の逆である．この定理により複素関数 $f(z)$ の正則性と $\oint f(z)\,dz = 0$ の同値性が導かれ，複素関数の正則性の議論が完結する．

7.1.1 Cauchyの積分公式

定理 7.1（Cauchyの積分公式） $f(z)$ が正則である単連結領域を D とする．D 内の Jordan 閉曲線上を正の方向に1周する積分路を C とする．C の内部の任意の点 z に対して (図 7.1)，

$$f(z) = \frac{1}{2\pi i} \oint_C \frac{f(\zeta)}{\zeta - z}\,d\zeta \tag{7.1}$$

図 **7.1** Cauchyの積分公式

が成り立つ．

(証明) $f(z)$ は領域内で正則であるから，ζ 平面上で C の内側にある $f(\zeta)/(\zeta-z)$ の特異点は 1 位の極 $\zeta = z$ だけである．$\zeta = z$ でのこの関数の留数は

$$\mathrm{Res}\,(z) = \lim_{\zeta \to z} (\zeta - z) \frac{f(\zeta)}{\zeta - z} = f(z) \tag{7.2}$$

であるから式 (7.1) を得る． ∎

例 7.1 (Poisson の積分表示) 調和関数 $u(r,\theta)$ ($x = r\cos\theta, y = r\sin\theta$) について $r < R$ とすれば

$$u(r,\theta) = \frac{1}{2\pi} \int_0^{2\pi} u(R,\phi) \frac{R^2 - r^2}{R^2 - 2Rr\cos(\phi - \theta) + r^2} \,\mathrm{d}\phi \tag{7.3}$$

が成り立つ．これを **Poisson** (ポアソン) の**積分表示**という．

式 (7.3) は次のように示すことができる．積分路 C を含む単連結領域内で正則な関数 $f(z)$ に対する Cauchy の積分公式

$$f(z) = \frac{1}{2\pi \mathrm{i}} \oint_C \frac{f(\zeta)}{\zeta - z}\,\mathrm{d}\zeta \tag{7.4}$$

で積分路 C を半径 R の円周を正の向きに回るものとする．$z = r\mathrm{e}^{\mathrm{i}\theta}$, $\zeta = R\mathrm{e}^{\mathrm{i}\phi}$ として ($r < R$),

$$f(r\mathrm{e}^{\mathrm{i}\theta}) = \frac{1}{2\pi} \int_0^{2\pi} \mathrm{d}\phi \frac{f(R\mathrm{e}^{\mathrm{i}\phi})R\mathrm{e}^{\mathrm{i}\phi}}{R\mathrm{e}^{\mathrm{i}\phi} - r\mathrm{e}^{\mathrm{i}\theta}} \tag{7.5}$$

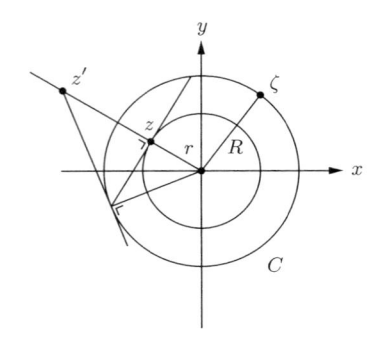

図 **7.2** Poisson の積分表示 (例 7.1) の積分路

また z の C に関する鏡像の点 (図 7.2) を $z' = (R^2/r)\mathrm{e}^{\mathrm{i}\theta}$ とする．z' は積分路 C の外にあるから

$$\begin{aligned}
0 &= \frac{1}{2\pi\mathrm{i}} \oint_C \frac{f(\zeta)}{\zeta - z'}\mathrm{d}\zeta = \frac{1}{2\pi} \int_0^{2\pi} \mathrm{d}\phi \frac{f(R\mathrm{e}^{\mathrm{i}\phi})R\mathrm{e}^{\mathrm{i}\phi}}{R\mathrm{e}^{\mathrm{i}\phi} - (R^2/r)\mathrm{e}^{\mathrm{i}\theta}} \\
&= \frac{1}{2\pi} \int_0^{2\pi} \mathrm{d}\phi \frac{f(R\mathrm{e}^{\mathrm{i}\phi})r\mathrm{e}^{\mathrm{i}\phi}}{r\mathrm{e}^{\mathrm{i}\phi} - R\mathrm{e}^{\mathrm{i}\theta}}
\end{aligned} \tag{7.6}$$

2つの式 (7.5), (7.6) の辺々を引けば

$$\begin{aligned}
f(r\mathrm{e}^{\mathrm{i}\theta}) &= \frac{1}{2\pi} \int_0^{2\pi} \mathrm{d}\phi\, f(R\mathrm{e}^{\mathrm{i}\phi}) \left(\frac{R\mathrm{e}^{\mathrm{i}\phi}}{R\mathrm{e}^{\mathrm{i}\phi} - r\mathrm{e}^{\mathrm{i}\theta}} - \frac{r\mathrm{e}^{\mathrm{i}\phi}}{r\mathrm{e}^{\mathrm{i}\phi} - R\mathrm{e}^{\mathrm{i}\theta}} \right) \\
&= \frac{1}{2\pi} \int_0^{2\pi} \mathrm{d}\phi\, f(R\mathrm{e}^{\mathrm{i}\phi}) \frac{R^2 - r^2}{R^2 - 2Rr\cos(\phi-\theta) + r^2}
\end{aligned} \tag{7.7}$$

である．調和関数は正則な関数の実部または虚部であるから，$f(z) = u(z) + \mathrm{i}v(z)$ として実部をとれば式 (7.3) が得られる．

同様に2つの式 (7.5), (7.6) の辺々を足せば

$$\begin{aligned}
f(r\mathrm{e}^{\mathrm{i}\theta}) &= \frac{1}{2\pi} \int_0^{2\pi} \mathrm{d}\phi\, f(R\mathrm{e}^{\mathrm{i}\phi}) \left(\frac{R\mathrm{e}^{\mathrm{i}\phi}}{R\mathrm{e}^{\mathrm{i}\phi} - r\mathrm{e}^{\mathrm{i}\theta}} + \frac{r\mathrm{e}^{\mathrm{i}\phi}}{r\mathrm{e}^{\mathrm{i}\phi} - R\mathrm{e}^{\mathrm{i}\theta}} \right) \\
&= \frac{1}{2\pi} \int_0^{2\pi} \mathrm{d}\phi\, f(R\mathrm{e}^{\mathrm{i}\phi}) \frac{R^2 + r^2 - 2Rr\mathrm{e}^{\mathrm{i}(\phi-\theta)}}{R^2 - 2Rr\cos(\phi-\theta) + r^2}
\end{aligned} \tag{7.8}$$

を得る．$f(z) = u(z) + \mathrm{i}v(z)$ として虚部をとると，

$$v(r,\theta) = v_0 + \frac{1}{2\pi} \int_0^{2\pi} u(R,\phi) \frac{2Rr\sin(\theta-\phi)}{R^2 - 2Rr\cos(\phi-\theta) + r^2} \mathrm{d}\phi \tag{7.9}$$

を得る．ただし

$$v_0 = \frac{1}{2\pi} \int_0^{2\pi} v(R,\phi)\,\mathrm{d}\phi = v(0) \tag{7.10}$$

である[*1]． ◁

積分公式 (7.1) は様々な結果がこれから導かれるたいへん重要な定理である．この定理は，閉じた積分路 C 上で $f(z)$ の値を定めれば，C 内部の任意の点での値が定まることを述べている．以下にいくつかの帰結を述べよう．

[*1] Cauchy の積分公式より

$$f(a) = \frac{1}{2\pi\mathrm{i}} \int_{|z-a|=R} \mathrm{d}z \frac{f(z)}{z-a} = \frac{1}{2\pi} \int_0^{2\pi} \mathrm{d}\phi\, f(a + R\mathrm{e}^{\mathrm{i}\phi})$$

を得る．ここで $a = 0$ として，両辺の虚部をとることにより求められる．

7.1.2 最大値の原理と Liouville 定理

系 7.1 正則関数の実部および虚部は，その正則領域内で極大値および極小値をとらない．

(証明) $f(z)$ の実部が領域内の 1 点 $z=a$ で極大値をとると仮定する．$|z-a|=r$ の円周は正則領域内にあり，この上を正の向きに動く積分路を C とする．$z=a$ で極大値をとるという仮定から，r を十分小さくすると，すべての θ に対して

$$\operatorname{Re} f(a) > \operatorname{Re} f(a+r\mathrm{e}^{\mathrm{i}\theta}) \tag{7.11}$$

一方，C 上では $z-a = r\mathrm{e}^{\mathrm{i}\theta}$，$\mathrm{d}z = \mathrm{i}r\mathrm{e}^{\mathrm{i}\theta}\mathrm{d}\theta = \mathrm{i}(z-a)\,\mathrm{d}\theta$ であるから，Cauchy の積分公式を書き換えると

$$f(a) = \frac{1}{2\pi}\int_0^{2\pi} \mathrm{d}\theta\, f(a+r\mathrm{e}^{\mathrm{i}\theta}) \tag{7.12}$$

この等式は左右両辺の実部，虚部おのおのについても成り立つ．実部については式 (7.11) に矛盾する．よって $f(z)$ の実部は領域内で極大値をとりえない．極小値についても同じように議論できる．また $f(z)$ の虚部についてもまったく同じように示すことができる． ∎

系 7.2 正則関数の絶対値は，その正則領域内で極大値も 0 以外の極小値もとらない．

(証明) 領域内の点 $z=a$ で正則関数 $f(z)$ の絶対値が極大値をとるならば，十分小さい r について

$$|f(a)| > \frac{1}{2\pi}\int_0^{2\pi} \mathrm{d}\theta |f(a+r\mathrm{e}^{\mathrm{i}\theta})| \tag{7.13}$$

となる．これは

$$|f(a)| = \frac{1}{2\pi}\left|\int_0^{2\pi} \mathrm{d}\theta\, f(a+r\mathrm{e}^{\mathrm{i}\theta})\right| \leq \frac{1}{2\pi}\int_0^{2\pi} \mathrm{d}\theta |f(a+r\mathrm{e}^{\mathrm{i}\theta})| \tag{7.14}$$

に矛盾する．一方，$|f(z)|$ が 0 でない極小値 m をとるとすると $z=a$ の近傍で $1/f(z)$ は正則でかつ $|1/f(z)|$ は 0 でない極大値を有する．これもまた先の結果に矛盾する． ∎

系 7.1，系 7.2 からすぐに次のいくつかの結果を得ることができる．

系 7.3（最大値の原理） $f(z)$ が閉領域で正則なとき，$|f(z)|$ はその領域の境界上でのみ最大値をとる．

定理 7.2 [Liouville（リウヴィル)の定理] $f(z)$ が「無限遠点を含めて」複素 z 平面全域で正則 (すなわち整関数) であるならば，$f(z)$ は定数である．

(証明)[Liouville の定理の 1 つの証明] 正則関数であるから，たとえば

$$f(z) = c_0 + c_1 z + c_2 z^2 + \cdots \tag{7.15}$$

と書かれるとする．(実は正則関数は必ず正則点のまわりでこのようなべき級数に展開できる．) 正則性から，ある定数 M が存在し，すべての z について $|f(z)| \leq M$ である．したがって原点を中心とした半径 r 内の任意の z ($|z| < r$) に対して，後で示す Cauchy の評価式 (7.31)

$$|f^{(n)}(z_0)| \leq \frac{n! M}{r^n} \tag{7.16}$$

を用いれば，式 (7.15) に対して $f^{(n)}(0) = n! c_n$ であるから

$$|c_n| \leq \frac{M}{r^n} \tag{7.17}$$

である．$r \to \infty$ とすると

$$c_n = 0 \qquad (n \neq 0) \tag{7.18}$$

を得る．すなわち c_0 を除くすべての係数は 0 である． ■

上の証明では，正則関数が正則点のまわりのべき級数で書けることおよび Cauchy の評価式を使った．しかし，これらのことはまだ示していないので同じことを少し違う方法で示してみよう．

(証明)[Liouville の定理のもう 1 つの証明] 任意の 2 点 z_1, z_2 を内側に含む Jordan 閉曲線を正の向きに動く積分路 C を考える (図 7.3)．Cauchy の積分公式により

$$f(z_j) = \frac{1}{2\pi i} \oint_C \frac{f(\zeta)}{\zeta - z_j} d\zeta \qquad (j = 1, 2) \tag{7.19}$$

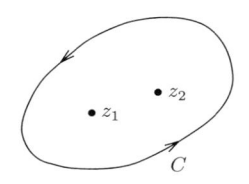

図 **7.3** Liouville の定理

これから

$$f(z_1) - f(z_2) = \frac{1}{2\pi i} \oint_C f(\zeta) \left(\frac{1}{\zeta - z_1} - \frac{1}{\zeta - z_2} \right) d\zeta$$
$$= \frac{z_1 - z_2}{2\pi i} \oint_C \frac{f(\zeta)}{(\zeta - z_1)(\zeta - z_2)} d\zeta \tag{7.20}$$

C として十分大きな半径 R の円周をとる ($\zeta = R e^{i\theta}$, $d\zeta = i R e^{i\theta} d\theta$) と

$$|f(z_1) - f(z_2)| = \frac{|z_1 - z_2|}{2\pi} \left| \int_0^{2\pi} d\theta \, i R e^{i\theta} \frac{f(R e^{i\theta})}{(R e^{i\theta} - z_1)(R e^{i\theta} - z_2)} \right|$$
$$\leq \frac{|z_1 - z_2|}{2\pi} \frac{M}{R} \int_0^{2\pi} \frac{d\theta}{|(e^{i\theta} - z_1/R)(e^{i\theta} - z_2/R)|} \tag{7.21}$$

ただし, M はすべての z に対し $|f(z)| < M$ である定数である. ここで $R \to \infty$ とすると

$$|f(z_1) - f(z_2)| \to 0 \tag{7.22}$$

R を無限大とする操作は z_1, z_2 に依存しないから

$$f(z_1) = f(z_2) = \text{定数} \tag{7.23}$$

∎

7.1.3 代数学の基本定理

Liouville の定理から,「代数学の基本定理」(代数方程式の根に関する定理) が導かれる.

定理 7.3（代数学の基本定理）

$$f(z) = a_0 z^n + a_1 z^{n-1} + \cdots + a_{n-1} z + a_n = 0 \qquad (n \geq 1,\ a_0 \neq 0) \tag{7.24}$$

は複素数の範囲で n 個の根 (零点) をもつ.

(証明) $f(z)$ が根を 1 つももたないと仮定する．すると，

$$g(z) = \frac{1}{f(z)} \tag{7.25}$$

は無限遠点を含めて全域で正則である．よって Liouville の定理により $g(z)$ は定数となる．この結論は仮定に反するので仮定が正しくないことになる．したがって $f(z)$ は少なくとも 1 つの根をもつ．この根を z_1 とすると

$$f(z) = (z - z_1) h(z) \tag{7.26}$$

と書くことができ，$h(z)$ は $n-1$ 次多項式 である．z_1 を既知とすると $h(z)$ を書き下すことは容易である．次に $n-1$ 次式 $h(z)$ に対して同様な議論を行うことができる．以下これを続けていけばよい． ∎

7.2 Cauchy の積分定理と正則性

7.2.1 Goursat の定理と Morera の定理

Cauchy の積分公式をさらに一般化して，$f(z)$ の n 次導関数に対する次の公式も成立する.

定理 7.4 [Goursat（グルサ）の定理] $f(z)$ が単連結領域 D で正則ならば，D 内の任意の点 z において，z を内部に含み D 内を正の向きに 1 周する Jordan 閉曲線 C を積分路として

$$f^{(n)}(z) = \frac{n!}{2\pi i} \oint_C \frac{f(\zeta)}{(\zeta - z)^{n+1}} d\zeta \tag{7.27}$$

(証明) Cauchy の積分公式から

$$\begin{aligned}
f'(z) &= \lim_{\Delta z \to 0} \frac{f(z+\Delta z) - f(z)}{\Delta z} \\
&= \lim_{\Delta z \to 0} \frac{1}{2\pi i \Delta z} \oint_C \left(\frac{f(\zeta)}{\zeta - z - \Delta z} - \frac{f(\zeta)}{\zeta - z} \right) d\zeta \\
&= \frac{1}{2\pi i} \oint_C \frac{f(\zeta)}{(\zeta - z)^2} d\zeta
\end{aligned} \tag{7.28}$$

よって $n = 1$ では上式が成立する．$n \geq 2$ については数学的帰納法を用いる．ある n について上式が成立したとすると

$$\begin{aligned}
f^{(n+1)}(z) &= \lim_{\Delta z \to 0} \frac{f^{(n)}(z + \Delta z) - f^{(n)}(z)}{\Delta z} \\
&= \frac{n!}{2\pi i} \lim_{\Delta z \to 0} \oint_C \frac{1}{\Delta z} \frac{(\zeta - z)^{n+1} - (\zeta - z - \Delta z)^{n+1}}{(\zeta - z - \Delta z)^{n+1}(\zeta - z)^{n+1}} f(\zeta) \, d\zeta \\
&= \frac{n!}{2\pi i} \oint_C \frac{(n+1)(\zeta - z)^n}{(\zeta - z)^{2(n+1)}} f(\zeta) \, d\zeta \\
&= \frac{(n+1)!}{2\pi i} \oint_C \frac{f(\zeta)}{(\zeta - z)^{n+2}} \, d\zeta
\end{aligned} \tag{7.29}$$

すなわち $n+1$ でも式 (7.27) が成立する．よってすべての n で式 (7.27) が成り立つ．■

$f(z)$ が正則であれば $f(z)$ は何回でも微分可能であり，またその具体的形が Goursat の定理で与えられたことになる．これを系の形で述べておこう．

系 7.4 $f(z)$ が領域 D 内で正則であれば，$f(z)$ は D 内の各点で何回でも微分可能である．

$f(\zeta)$ の正則領域 D 内にある円 $|\zeta - z| \leq r$ を考えよう．円周上の各点 $|\zeta - z| = r$ で $|f(\zeta)| \leq M$ であるとすると，Goursat の定理により

$$\begin{aligned}
|f^{(n)}(z)| &= \left| \frac{n!}{2\pi i} \oint_{|\zeta - z| = r} \frac{f(\zeta)}{(\zeta - z)^{n+1}} d\zeta \right| \\
&\leq \frac{n!}{2\pi} \oint_{|\zeta - z| = r} |d\zeta| \frac{|f(\zeta)|}{|\zeta - z|^{n+1}} \leq \frac{n!}{2\pi} M \int_0^{2\pi} d\theta \, r \frac{1}{r^{n+1}} \\
&= \frac{n! M}{r^n}
\end{aligned} \tag{7.30}$$

となる．したがって次の結論が得られる．

系 7.5（Cauchy の評価式） $f(z)$ が $|z-z_0| \leq r$ で正則で，また $|z-z_0| = r$ 上で $|f(z)| \leq M$ であれば

$$|f^{(n)}(z_0)| \leq \frac{n!M}{r^n} \tag{7.31}$$

が成り立つ．

Goursat の定理が得られたので，Cauchy の定理の逆，すなわち次の Morera の定理を導くことができる．

定理 7.5 [Morera（モレラ）の定理] $f(z)$ が閉じた単連結領域 D 内で連続，かつ D 内の任意の Jordan 閉曲線 C を積分路として (図 7.4)

$$\oint_C f(z)\,\mathrm{d}z = 0 \tag{7.32}$$

であれば，$f(z)$ は D 内で正則である．

(証明) Cauchy の定理で示したように，任意の閉曲線で積分が 0 であれば $F(z) = \int_{z_0}^{z} f(\zeta)\,\mathrm{d}\zeta$ は積分路によらず定まる (図 7.4)．したがって $F(z)$ は z を定めれば決まる関数であり，微分可能で，

$$F'(z) = f(z) \tag{7.33}$$

$F(z)$ は微分可能すなわち正則であるから，Goursat の定理により何度でも微分可能である．したがって $f(z) = F'(z)$ もまた微分可能であり，正則である． ∎

以上により，$f(z)$ の正則性と $\oint_C f(z)\,\mathrm{d}z = 0$ の同値性が示された．

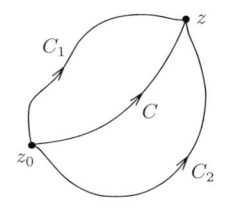

図 **7.4** Morera の定理

7.2.2 Goursat の定理の応用

Goursat の定理を用いるいくつかの定積分の問題を示そう．

例 7.2 積分

$$I = \int_{-\infty}^{\infty} \frac{\mathrm{d}x}{(1+x^2)^{n+1}} \qquad (n > -1) \tag{7.34}$$

を考える．積分路として $-R$ から R まで動き，そのあと上半平面で閉じる積分路 C_R (図 7.5) を選ぶ．

$$\oint_{C_R} \frac{\mathrm{d}z}{(1+z^2)^{n+1}} = \oint_{C_R} \frac{\mathrm{d}z}{(z-\mathrm{i})^{n+1}(z+\mathrm{i})^{n+1}} \tag{7.35}$$

$f(z) = 1/(z+\mathrm{i})^{n+1}$ として Goursat の定理を用いると

$$\oint_{C_R} \frac{\mathrm{d}z}{(1+z^2)^{n+1}} = \frac{2\pi \mathrm{i}}{n!} f^{(n)}(z=\mathrm{i}) = \frac{\pi (2n)!}{(2^n n!)^2} \tag{7.36}$$

一方，$R \to \infty$ とすると上半平面上の半円上での積分は 0 となるから

$$\lim_{R \to \infty} \oint_{C_R} \frac{\mathrm{d}z}{(1+z^2)^{n+1}} = \int_{-\infty}^{\infty} \frac{\mathrm{d}x}{(1+x^2)^{n+1}} \tag{7.37}$$

ゆえに[*2]

$$\int_{-\infty}^{\infty} \frac{\mathrm{d}x}{(1+x^2)^{n+1}} = \pi \frac{1 \cdot 3 \cdot 5 \cdots (2n-1)}{2 \cdot 4 \cdot 6 \cdots (2n)} = \pi \frac{(2n-1)!!}{(2n)!!} \tag{7.38}$$

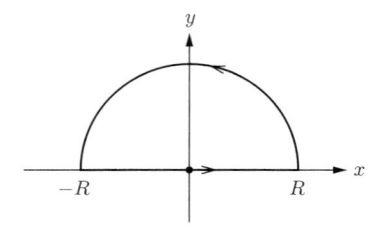

図 **7.5** 例 7.2 の積分路 C_R

[*2] 記号 !! は次を表す．

$$(2n)!! = 2n(2n-2)(2n-4) \cdots 4 \cdot 2,$$
$$(2n-1)!! = (2n-1)(2n-3) \cdots 3 \cdot 1,$$
$$0!! = (-1)!! = 1.$$

である.　　　　　　　　　　　　　　　　　　　　　　　　　　　　◁

例 7.3 積分

$$I = \int_0^{2\pi} \cos^{2n}\theta \, d\theta \tag{7.39}$$

を計算しよう．これを変形すれば

$$I = \int_0^{2\pi} \left(\frac{e^{i\theta} + e^{-i\theta}}{2}\right)^{2n} d\theta = -\frac{i}{2^{2n}} \oint_{|z|=1} \frac{(1+z^2)^{2n}}{z^{2n+1}} dz \tag{7.40}$$

となる．ここで $e^{i\theta} = z$, $d\theta = -i\,dz/z$ を用いた．$f(z) = (1+z^2)^{2n}$ として Goursat の定理を用いると

$$\begin{aligned}I &= -\frac{i}{2^{2n}} \frac{2\pi i}{(2n)!} f^{(2n)}(0) = -\frac{i}{2^{2n}} \cdot 2\pi i \frac{(2n)!}{(n!)^2} \\ &= 2\pi \frac{(2n-1)!!}{(2n)!!}\end{aligned} \tag{7.41}$$

を得る．　　　　　　　　　　　　　　　　　　　　　　　　　　　　◁

7.3　Taylor 展開および Laurent 展開

これまで，しばしば複素関数を級数展開した形を用いてきた．ここでは級数展開がきわめて一般的に可能であることを示す．そのために Goursat の定理が役に立つ．まず $f(z)$ がどのような領域で定義されているか，またどのような点のまわりで級数展開しようと考えているのかを区別して考える．

7.3.1　Taylor 展開 (正則点のまわりのべき級数展開)

$f(z)$ が領域 D 内で正則であるとし，D 内の 2 点 z と a を考える．z および a を内部に含む D 内の Jordan 閉曲線を C とする．C 上の点を ζ とし，すべての ζ について $|\zeta - a| > |z - a|$ とする (図 7.6)．$1/(\zeta - z)$ をべき展開した

$$\frac{1}{\zeta - z} = \frac{1}{(\zeta - a) - (z - a)} = \frac{1}{\zeta - a} \sum_{n=0}^{\infty} \left(\frac{z-a}{\zeta-a}\right)^n \tag{7.42}$$

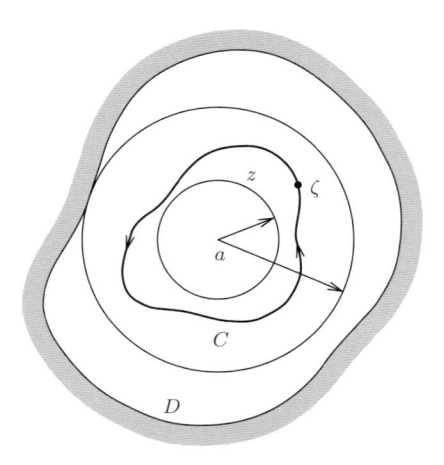

図 **7.6** Taylor 展開

は $|z-a|<|\zeta-a|$ なので C 上で絶対収束する．Cauchy の積分公式に上式を代入し

$$f(z) = \frac{1}{2\pi i}\oint_C \frac{f(\zeta)}{\zeta-z}d\zeta = \frac{1}{2\pi i}\oint_C \sum_{n=0}^{\infty}\frac{(z-a)^n}{(\zeta-a)^{n+1}}f(\zeta)\,d\zeta$$
$$= \frac{1}{2\pi i}\sum_{n=0}^{\infty}(z-a)^n \oint_C \frac{f(\zeta)}{(\zeta-a)^{n+1}}d\zeta \tag{7.43}$$

これは Goursat の定理により

$$f(z) = \sum_{n=0}^{\infty}\frac{f^{(n)}(a)}{n!}(z-a)^n \tag{7.44}$$

である．式 (7.43), (7.44) は積分路 C によらず，領域 D の境界に最初にふれる円 (半径 r) 内のすべての z で上の式が成立することに注意しよう．これを **Taylor**(テイラー) **展開**という．円の半径 r は Taylor 展開の収束半径になっている．こうして，複素関数はその正則点のまわりで Taylor 級数に展開できることが示された．

例 7.4 三角関数 $\sin z$ および $\cos z$ は Gauss 平面上で原点より有限の距離にある領域全体で正則である．したがってこれらは原点のまわりで Taylor 展開でき，その収束半径は無限大となる．

7.3 Taylor 展開および Laurent 展開

$$\sin z = \sum_{m=0}^{\infty} (-1)^m \frac{z^{2m+1}}{(2m+1)!} \tag{7.45a}$$

$$\cos z = \sum_{m=0}^{\infty} (-1)^m \frac{z^{2m}}{(2m)!} \tag{7.45b}$$

◁

例 7.5 対数関数 $\log(1+z)$ は

$$\log(1+z) = \sum_{n=1}^{\infty} (-1)^{n-1} \frac{z^n}{n} \tag{7.46}$$

と Taylor 展開できる．収束半径は 1 である． ◁

例 7.6 除きうる特異点のまわりで関数は Taylor 級数に展開される．たとえば $\sin z/z$ は

$$\frac{\sin z}{z} = \sum_{m=0}^{\infty} (-1)^m \frac{z^{2m}}{(2m+1)!} \tag{7.47}$$

と表される．右辺は $z=0$ を含む z の全域で有効である． ◁

定理 7.6 [Schwarz (シュワルツ) の定理] $f(z)$ が $|z|<1$ において正則で $|f(z)|<1$ をみたし $f(0)=0$ であるならば，$|z|<1$ の任意の点で

$$|f(z)| \leq |z|$$

が成り立つ．

さらに $|z|<1$ のある点 $z_0 \neq 0$ において $|f(z_0)|=|z_0|$ が成り立つならば，a を $|a|=1$ である複素数として

$$f(z) = az$$

となる．

(証明) $f(0)=0$ であるから $f(z)$ を $z=0$ のまわりで Taylor 展開して

$$f(z) = \sum_{n=1}^{\infty} c_n z^n$$

と書ける．ここで
$$g(z) = \sum_{n=1}^{\infty} c_n z^{n-1}$$
を定義すれば，$f(z) = zg(z)$ ($|z| < 1$).

$$|f(z)| = |z||g(z)| < 1 \tag{7.48}$$

であるから，任意の正数 $r < 1$ を考えると，$|z| = r < 1$ において

$$|g(z)| < \frac{1}{r} \tag{7.49}$$

となる．これから最大値の原理により $|z| < r$ である任意の z において

$$|g(z)| < \frac{1}{r}. \tag{7.50}$$

r はいくらでも 1 に近づけることができるから $|g(z)| \leq 1$ ($|z| < 1$) であり，式 (7.48) により

$$|f(z)| \leq |z| \tag{7.51}$$

が成り立つ（前半の証明おわり）．

$|f(z_0)| = |z_0|$ ($z_0 \neq 0$) であるなら式 (7.48) により $|g(z_0)| = 1$．前半の証明から $|g(z)| \leq 1$ ($|z| < 1$) であるから，$g(z)$ は $|g(z)| = 1$ を満たす定数である．よって $g(z) = a$．これにより $f(z) = az$ が示された（後半の証明おわり）．■

7.3.2 Laurent 展開

点 a を中心とした円 k_1 と k_2 にはさまれた環状領域 D が $f(z)$ の 1 価正則領域であるとする．このとき図 7.7 に示すとおり 2 つの正の向きの積分路 C_1, C_2 を考え，C_1 上のすべての点 ζ_1, C_2 上のすべての点 ζ_2 に対して

$$|\zeta_2 - a| > |z - a| > |\zeta_1 - a| \tag{7.52}$$

とする．$-C_1$ (C_1 の逆の向き) と C_2 の間を往復する道 Γ でつないで考えると，$f(z)$ の 1 価正則性から Γ の往復は積分は打ち消し合い，

$$f(z) = \frac{1}{2\pi i} \oint_{C_2} \frac{f(\zeta_2)}{\zeta_2 - z} d\zeta_2 + \frac{1}{2\pi i} \oint_{-C_1} \frac{f(\zeta_1)}{\zeta_1 - z} d\zeta_1 \tag{7.53}$$

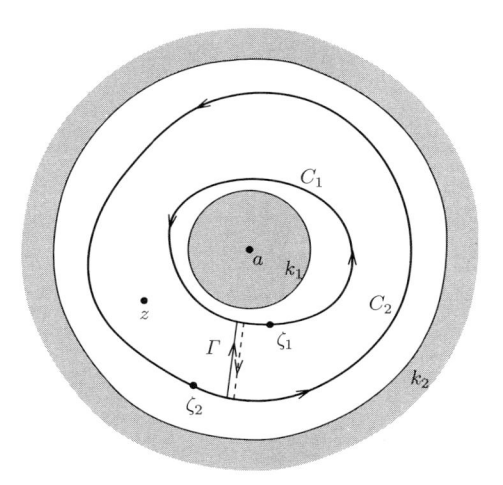

図 **7.7** Laurent 展開

となる．また

$$\frac{1}{\zeta_2 - z} = \frac{1}{(\zeta_2 - a) - (z - a)} = \frac{1}{\zeta_2 - a} \sum_{n=0}^{\infty} \left(\frac{z-a}{\zeta_2 - a}\right)^n \tag{7.54}$$

$$\frac{1}{\zeta_1 - z} = \frac{1}{(\zeta_1 - a) - (z - a)} = -\frac{1}{z - a} \sum_{n=0}^{\infty} \left(\frac{\zeta_1 - a}{z - a}\right)^n \tag{7.55}$$

はそれぞれ絶対収束する．よって

$$f(z) = \sum_{n=0}^{\infty} (z-a)^n \frac{1}{2\pi i} \oint_{C_2} \frac{f(\zeta)}{(\zeta - a)^{n+1}} d\zeta$$

$$+ \sum_{n=0}^{\infty} (z-a)^{-n-1} \frac{1}{2\pi i} \oint_{C_1} (\zeta - a)^n f(\zeta) \, d\zeta \tag{7.56}$$

である．D 内で $f(z)$ は正則であるから C_1, C_2 を変更して 1 つの積分路 C を考えればよく，

$$f(z) = \sum_{n=0}^{\infty} (z-a)^n \frac{1}{2\pi i} \oint_C \frac{f(\zeta)}{(\zeta-a)^{n+1}} d\zeta$$
$$+ \sum_{n=0}^{\infty} (z-a)^{-n-1} \frac{1}{2\pi i} \oint_C (\zeta-a)^n f(\zeta) \, d\zeta$$
$$= \sum_{n=-\infty}^{\infty} c_n (z-a)^n \tag{7.57}$$

を得る．これは絶対収束する．c_n は正負すべてについてまとめて

$$c_n = \frac{1}{2\pi i} \oint_C \frac{f(\zeta)}{(\zeta-a)^{n+1}} d\zeta \qquad (-\infty < n < \infty) \tag{7.58}$$

と書くことができる．式 (7.57) を **Laurent**（ローラン）**展開**という．上の式 (7.58) は Laurent 展開を実際に行うときに必ずしも用いる式ではないことに注意しておこう．展開はもっと直接的に行われることが多い．具体的には例 7.7 および例 7.8 を示す．

$n < 0$ すなわち負のべきの部分を Laurent 展開の**主要部**という．Laurent 展開 (7.57) が $z=a$ を除いた $z=a$ の近傍で成立し，主要部の最高べきが $(z-a)^{-n}$ のとき $z=a$ を n 位の極という．Laurent 展開 (7.57) が $z=a$ を除いた $z=a$ の近傍で成立し，主要部が無限に続くとき，すなわち $n \to \infty$ のとき，$z=a$ は真性(孤立) 特異点である．

$z=a$ が孤立特異点であるならば

$$\operatorname{Res} f(a) = \frac{1}{2\pi i} \oint_{|z-a|=\varepsilon} f(z) \, dz = c_{-1} \tag{7.59}$$

である．これはすでに説明した．

いくつかの例を見よう．

例 7.7 $z=2$ を 1 位の極とする関数

$$f(z) = \frac{1}{2-z} \tag{7.60}$$

は $|z| < 2$ では

$$f(z) = \frac{1}{2(1-z/2)} = \frac{1}{2} \sum_{n=0}^{\infty} \left(\frac{z}{2}\right)^n \tag{7.61}$$

と展開される．一方，$|z| > 2$ では

$$f(z) = -\frac{1}{z(1-2/z)} = -\frac{1}{z}\sum_{n=0}^{\infty}\left(\frac{2}{z}\right)^n \tag{7.62}$$

である．これが $|z| > 2$ における $z = 0$ のまわりの Laurent 展開である．Laurent 展開 (7.62) は $|z| < 2$ では収束しない．また，この例からわかるように，主要部が無限に続いていても，$z = 0$ が真性特異点だということにはならない． ◁

例 **7.8**

$$\mathrm{e}^{1/z} \tag{7.63}$$

$z = 0$ は真性 (孤立) 特異点で

$$\mathrm{e}^{1/z} = 1 + \frac{1}{1!}\frac{1}{z} + \frac{1}{2!}\left(\frac{1}{z}\right)^2 + \cdots + \frac{1}{n!}\left(\frac{1}{z}\right)^n + \cdots \tag{7.64}$$

と Laurent 展開される．この形から $z = 0$ における留数は 1 であることがわかる．

◁

参 考 文 献

全　般

[1] 髙木貞治：定本解析概論，岩波書店，2010．解析学全般にわたる古典的名教科書．その中でもバランス良く複素解析に関する説明が与えられている．

[2] 寺沢寛一：自然科学者のための数学概論，岩波書店，1983．理工学を学びあるいは工学の実務に携わる人々のための解析学の教科書．広い分野にわたり現代でも十分通用する．

[3] 犬井鉄郎，石津武彦：東京大学工学基礎 7，複素函数論，東京大学出版会，1966．工学部学生向けに書かれた複素関数論のテキスト．

[4] 森　正武，杉原正顯：岩波講座応用数学，複素関数論 I, II，岩波書店，1993．

[5] Lars V. Ahlfors: *Complex Analysis*, McGraw-Hill, 1979 [L. V. アールフォルス(笠原乾吉 訳)：複素解析，現代数学社，1982]．ていねいに書かれ，数学者が書いた本にもかかわらずわかりやすい．世界中で利用されている古典的名著である．

[6] 小平邦彦：岩波基礎数学選書，複素解析，岩波書店，1999．たいへん定評のある名著の復刻版．

[7] 辻　正次：複素関数論，槙書店，1968．非常にたくさんの事項について，平明かつ具体的に書かれていて，参考にすべきところが多いテキスト．

[8] 藤原毅夫：工系数学講座 6，複素解析の技法，共立出版，1999．本書と同じ講義ノートをもとにした複素関数論の教科書．この本の三分の二程度の部分にいくつかの手を加え，あるいはわかりやすく書き換えたのが本書である．本書のおおよその構成はこの本に従っている．

おわりに

　「はじめに」でも述べたとおり，たとえば第7章でのべき級数展開の議論に続いて解析接続とさらなる応用に続けるべきであるが，それらは「複素関数論II」にまわすことにした．

　本書での議論は実数の微積分の基礎の上に，使うための複素関数論を積み上げることを大きく意識した．「複素関数論II」では数学としての一般論をもう少し意識して表現する．

　本書は筆者が東京大学工学部で行った講義の際に作成したノートにもとづいている．そのため，同じノートにもとづいておよそ10年あまり前に書いた「複素解析の技法」(共立出版，1999年)とその骨格部分を共有している．今回の執筆にあたり，いくつかの思い違いを書き改め，説明の仕方をより正確に行うように努めたり，あるいは全体の構成を変更したりした．異なる出版社から同一主題について類書を出すことにいささかの躊躇を覚えたが，その間の事情をご理解いただいた関係各所に厚く御礼申し上げる．

2013年9月

　　　　　　　　　　　　　　　　　　　　　　　　　　　藤　原　毅　夫

索　引

欧　文

Cauchy–Hadamard (コーシー–アダマール) の定理 (theorem of Cauchy–Hadamard)　37
Cauchy–Riemann (コーシー–リーマン) の関係 (Cauchy–Riemann relations)　27
Cauchy (コーシー) の収束判定定理 (Cauchy's convergence test)　14, 17
Cauchy (コーシー) の主値積分 (Cauchy principal value integral)　113
Cauchy (コーシー) の積分公式 (Cauchy's integral formula)　121
Cauchy (コーシー) の積分定理 (Cauchy's integral theorem)　90
Cauchy (コーシー) 列 (Cauchy sequence)　14
de Moivre (ド・モアブル) の定理 (de Moivre's formula)　12
Euler (オイラー) の公式 (Euler's formula)　10
Gauss (ガウス) 平面 (Gauss plane)　7
Goursat (グルサ) の定理 (Goursat's theorem)　127
Jordan (ジョルダン) 曲線 (Jordan curve)　83
Jordan (ジョルダン) の補題 (Jordan's lemma)　110
Joukowski (ジューコフスキー) 変換 (Joukowski transformation)　69
Laplace (ラプラス) 方程式 (Laplace equation)　29, 61
Laurent (ローラン) 展開 (Laurent expansion)　136
Liouville (リウヴィル) の定理 (Liouville's theorem)　125
Möbius (メビウス) 変換 (Möbius transformation)　58
Morera (モレラ) の定理 (Morera's theorem)　129
Picard (ピカール) の定理 (Picard's theorem)　78
Poisson (ポアソン) の積分表示 (Poisson's integral expression)　122
Riemann (リーマン) 球面 (Riemann sphere)　34
Riemann (リーマン) 面 (Riemann surface)　45, 80
Schwarz–Christoffel (シュワルツ–クリストッフェル) 変換 (Schwarz–Christoffel transformation)　119
Taylor (テイラー) 展開 (Taylor expansion)　132
Weierstrass (ワイエルシュトラス) の定理 (Weierstrass theorem)　77

あ　行

位数 → 極の位数
1 次関数 (linear function)　57
1 次分数関数 (linear fractional function)　57
1 次変換 (linear transformation)　58
一様収束 (uniform convergence)　35
渦度 (vorticity)　63
渦なしの流れ (irrotational flow)　63
円–円対応 (circle-to-circle correspondence)　59
オイラーの公式 → Euler の公式

か 行

ガウス平面 → Gauss 平面
基本列 (fundamental sequence)　14
逆関数定理 (derivative of inverse function)　30
共役な調和関数 (conjugate harmonic function)　29
共役複素数 (complex conjugate)　4
極 (pole)　76
——の位数 (order)　76
極形式 (polar form)　10
極限値 (limit)　13
虚軸 (imaginary axis)　7
虚数単位 (imaginary unit)　3
虚部 (imaginary part)　3
グルサの定理 → Goursat の定理
結合法則 (associative law)　6
原始関数 (primitive function)　97
交換法則 (commutative law)　6
広義一様収束 (uniform convergence on compact sets)　35
項別積分 (termwise integration)　39
項別微分 (termwise differentiation)　38
コーシー–アダマールの定理
　　→ Cauchy–Hadamard の定理
コーシーの主値積分
　　→ Cauchy の主値積分
コーシーの積分公式
　　→ Cauchy の積分公式
コーシーの積分定理
　　→ Cauchy の積分定理
コーシー–リーマンの関係
　　→ Cauchy–Riemann の関係
コーシー列 → Cauchy 列
孤立特異点 (isolated singularity)　75

さ 行

最大値の原理 (maximum modulus principle)　125
三角関数 (trigonometric function)　40
指数関数 (exponential function)　39
指数法則 (law of exponent)　40
実軸 (real axis)　7
実部 (real part)　3
集積特異点　79
収束 (convergence)　13, 16
収束円 (convergence circle)　36
収束半径 (convergence radius)　36
主要部 (principal part)　136
シュワルツ–クリストッフェル変換
　　→ Schwarz–Christoffel 変換
循環 (circulation)　69
ジョルダン曲線 → Jordan 曲線
ジョルダンの補題 → Jordan の補題
真性 (孤立) 特異点 (essential singularity)　76, 79
数列 (numerical sequence)　13
整関数 (entire function, integral function)　57
正則 (regular, holomorphic)　23
正則関数 (regular function, holomorphic function)　23
正則点 (regular point, holomorphic point)　23
静電ポテンシャル (electrostatic potential)　62
積分路 (path of integration, contour path)　85
絶対収束 (absolute convergence)　17
絶対値 (absolute value)　4, 9
切断 (branch cut)　80
双曲線関数 (hyperbolic function)　40
速度ポテンシャル (velocity potential)　63

た 行

代数学の基本定理 (fundamental theorem of algebra)　127
対数関数 (logarithmic function)　42
——の主値 (principal value of logarithmic function)　44